安全生产知识百点通丛书

安全生产检查知识百点通

主　编　赵云昊　李佳琦
副主编　刘贤鹏　孟子尧

中国劳动社会保障出版社

图书在版编目（CIP）数据

安全生产检查知识百点通 / 赵云昊，李佳琦主编 . 北京：中国劳动社会保障出版社，2024. --（安全生产知识百点通丛书）. -- ISBN 978-7-5167-6705-4

Ⅰ. X924

中国国家版本馆 CIP 数据核字第 20241KV691 号

中国劳动社会保障出版社出版发行

（北京市惠新东街 1 号　邮政编码：100029）

*

北京鑫海金澳胶印有限公司印刷装订　　新华书店经销

880 毫米 ×1230 毫米　32 开本　4.875 印张　109 千字

2024 年 11 月第 1 版　　2024 年 11 月第 1 次印刷

定价：18.00 元

营销中心电话：400-606-6496

出版社网址：https://www.class.com.cn

“安全生产知识百点通丛书”
编委会

内容简介

安全生产检查是生产经营单位安全管理中的重要一环，通过安全生产检查，组织中的各类安全管理制度和操作规程才不会成为“空中楼阁”，而是切实地转变为从业人员的安全心理和安全行为。安全生产检查是组织安全生产的保障，对于排除系统隐患、提高从业人员安全意识、规范从业人员安全行为等都具有重要意义。因此，生产经营单位应该建立完善并落实安全生产检查制度。

本书是“安全生产知识百点通丛书”之一，以问答的形式全面而广泛地介绍了安全生产检查的相关知识，主要内容包括：安全生产检查基础知识、安全生产检查及其内容、安全生产检查工作组织与实施等。

本书内容丰富、通俗易懂，注重科普；配以原创漫画插图，图文并茂。本书适用于各类生产经营单位的从业人员、安全管理人员、安全负责人的安全教育与培训。

目　录

一、安全生产检查基础知识

1. 什么是危险和有害因素?

危险因素是指能对人造成伤亡或对物造成突发性损害的因素;有害因素是指能影响人的身体健康、导致疾病或对物造成慢性损害的因素。通常情况下,二者并不加以区分,统称为危险和有害因素。

危险和有害因素是工作环境中的潜在危险,这些因素有潜在的危险性,可能导致事故、伤害、职业病或其他健康和安全问题,对其进行识别、评估和控制是保障作业场所安全和从业人员健康的关键措施。有效的安全管理需要对这些因素有全面的了解,并采取相应的措施最大限度地消除其潜在的风险,以确保工作环境的安全和人员健康。

2. 危险和有害因素的分类有哪些?

根据《生产过程危险和有害因素分类与代码》(GB 13861—2022)的规定，按可能导致生产过程中危险和有害因素的性质，可将其分为如下4类。

(1)人的因素

1)心理、生理性危险和有害因素:①负荷超限。包括体力负荷超限、听力负荷超限、视力负荷超限、其他负荷超限。②健康状况异常。③从事禁忌作业。④心理异常。包括情绪异常、冒险心理、过度紧张、其他心理异常。⑤辨识功能缺陷。包括感知延迟、辨识错误、其他辨识功能缺陷。⑥其他心理、生理性危险和有害因素。

2)行为性危险和有害因素:①指挥错误。包括指挥失误、违章指挥、其他指挥错误。②操作错误。包括误操作、违章作业、其他操作错误。③监护失误。④其他行为性危险和有害因素。

(2)物的因素

1)物理性危险和有害因素:①设备、设施、工具、附件缺陷。包括强度不够，刚度不够，稳定性差，密封不良，耐腐蚀性差，应力集中，外形缺陷，外露运动件，操纵器缺陷，制动器缺陷，控制器缺陷，设计缺陷，传感器缺陷，设备、设施、工具、附件其他缺陷。②防护缺陷。包括无防护，防护装置、设施缺陷，防护不当，支撑(支护)不当，防护距离不够，其他防护缺陷。③电危害。包括带电部位裸露、漏电、静电和杂散电流、电火花、电弧、短路、其他电危害。④噪声。包括机械性噪声、电磁性噪声、流体动力性噪声、其他噪声。⑤振动危害。包括机械性振动、电磁性振动、流体动力性振动、其他振动危害。⑥电离辐射。⑦非电离辐射。包括紫外辐射、激光辐射、微波辐射、超高频辐射、高频电磁场、工频电场、其他非电离辐射。⑧运动物危害。包括抛射物，飞溅物，坠落物，反弹物，土、岩滑动，料堆（垛）滑动，气流卷动，撞击，其他运动物危害。⑨明火。⑩高温物质。包括高温气体、高温液体、高温固体、其他高温物质。⑪低温物质。包括低温气体、低温液体、低温固体、其他低温物质。⑫信号缺陷。包括无信号设施、信号选用不当、信号位置不当、信号不清、信号显示不准、其他信号缺陷。⑬标志标识缺陷。包括无标志标识、标志标识不清晰、标志标识不规范、标志标识选用不当、标志标识位置缺陷、标志标识设置顺序不规范、其他标志标识缺陷。⑭有害光照。⑮信息系统缺陷。包括数据传输缺陷、自供电装置电池寿命过短、防爆等级缺陷、等级保护缺陷、通信中断或延迟、数据采集缺陷、网络环境。⑯其他物理性危险和有害因素。

2）化学性危险和有害因素：①理化危险。包括爆炸物、易燃气体、易燃气溶胶、氧化性气体、压力下气体、易燃液体、易燃固体、自反应物质或混合物、自燃液体、自燃固体、自热物质和混合物、遇水放出易燃气体的物质或混合物、氧化性液体、氧化性固体、有机过氧化物、金属腐蚀物。②健康危险。包括急性毒性、皮肤腐蚀/刺激、严重眼损伤/眼刺激、呼吸或皮肤过敏、生殖细胞致突变性、致癌性、生殖毒性、特异性靶器官系统毒性——一次接触、特异性靶器官系统毒性——反复接触、吸入危险。③其他化学性危险和有害因素。

3）生物性危险和有害因素：①致病微生物。包括细菌、病毒、真菌、其他致病微生物。②传染病媒介物。③致害动物。④致害植物。⑤其他生物性危险和有害因素。

（3）环境因素

1）室内作业场所环境不良：①室内地面滑。②室内作业场所狭窄。③室内作业场所杂乱。④室内地面不平。⑤室内梯架缺陷。⑥地面、墙和天花板上的开口缺陷。⑦房屋基础下沉。⑧室内安全通道缺陷。⑨房屋安全出口缺陷。⑩采光照明不良。⑪作业场所空气不良。⑫室内温度、湿度、气压不适。⑬室内给水、排水不良。⑭室内涌水。⑮其他室内作业场所环境不良。

2）室外作业场地环境不良：①恶劣气候与环境。②作业场地和交通设施湿滑。③作业场地狭窄。④作业场地杂乱。⑤作业场地不平。⑥交通环境不良。包括航道狭窄、有暗礁或险滩，其他道路、水路环境不良，道路急转陡坡、临水临崖。⑦脚手架、阶梯和活动梯架缺陷。⑧地面及地面开口缺陷。⑨建（构）筑物和其他结构缺陷。⑩门和周界设施缺陷。⑪作业场地地基下沉。⑫作业场地安全通道缺陷。⑬作业场地安全出口缺陷。⑭作业场地光照不良。⑮作业场地空气不良。⑯作业场地温度、湿度、气压不适。⑰作业场地涌水。⑱排水系统故障。⑲其他室外作业场地环境不良。

3）地下（含水下）作业环境不良：①隧道/矿井顶板或巷帮缺陷。②隧道/矿井作业面缺陷。③隧道/矿井底板缺陷。④地下作业面空气不良。⑤地下火。⑥冲击地压（岩爆）。⑦地下水。⑧水下作业供氧不当。⑨其他地下作业环境不良。

4）其他作业环境不良：①强迫体位。②综合性作业环境不良。③以上未包括的其他作业环境不良。

（4）管理因素

1）职业安全卫生管理机构设置和人员配备不健全。

2）职业安全卫生责任制不完善或未落实。

3）职业安全卫生管理制度不完善或未落实：①建设项目“三同时”制度（建设项目职业病防护设施与主体工程同时设计、同时施工、同时投入生产和使用）。②安全风险分级管控。③事故隐患排查治理。④培训教育制度。⑤操作规程。⑥职业卫生管理制度。⑦其他职业安全卫生管理规章制度不健全。

4）职业安全卫生投入不足。

5）应急管理缺陷：①应急资源调查不充分。②应急能力、风险评估不全面。③事故应急预案缺陷。④应急预案培训不到位。⑤应急预案演练不规范。⑥应急演练评估不到位。⑦其他应急管理缺陷。

6）其他管理因素缺陷。

3. 如何进行危险和有害因素识别?

事先对危险和有害因素进行识别，找出可能存在的危险源，并采取相应的措施（如修改设计、增加安全设施等），可以大大提高系统的安全性。

在进行危险和有害因素的识别时，要全面、有序地进行，防止出现漏项，宜从厂址、总平面布置、道路运输、建（构）筑物、工艺过程、作业环境、安全管理措施等方面进行。

（1）厂址

从厂址的工程地质、地形地貌、水文条件、气象条件、周围环境、交通运输条件及自然灾害、消防支持等方面进行分析、识别。

（2）总平面布置

从功能分区、防火间距和安全间距、风向、建筑物朝向、储存危险和有害物质的设施、动力设施（氧气站、乙炔站、压缩

空气站、锅炉房、液化石油气站等）、道路、储运设施等方面进行分析、识别。

（3）道路运输

从运输、装卸、消防、疏散、人流、物流、平面交叉运输和竖向交叉运输等方面进行分析、识别。

（4）建（构）筑物

从厂房和仓库的火灾危险性分类、耐火等级、结构、层数、面积、防火间距、安全疏散等方面进行分析、识别。

（5）工艺过程

对新建、改建、扩建项目设计阶段进行危险和有害因素分析、识别；通过安全现状综合评价，针对行业和专业的特点及行业和专业制定的安全标准、规程进行危险和有害因素分析、识别；根据典型的单元过程（单元操作）进行危险和有害因素分析、识别。

（6）作业环境

对存在各种危险和有害因素的作业场所进行分析、识别。

（7）安全管理措施

从安全管理组织机构、安全管理制度、事故应急救援预案、特种作业人员培训、日常安全管理等方面进行识别。

4. 危险和有害因素防控措施有哪些？

危险和有害因素防控措施是保障工作场所安全的关键，其有效实施不仅关系从业人员的生命安全和身体健康，也直接影响生产经营的稳定运行。在现代工业生产中，为了降低从业人员的生产安全事故风险，采取以下科学合理的防控制措施是至关重要的。

（1）实行机械化、自动化生产，以减轻劳动强度，减少人身伤害的风险。

（2）设置安全装置，包括防护装置、保险装置、信号装置及危险警示牌和安全标志。

（3）确保机械设备、装置及其主要部件具有必要的机械强度和安全系数。

（4）保证电气安全可靠，采取防触电、防电气火灾爆炸和防静电等措施。

（5）按规定维护保养和检修机械设备。

（6）保持工作场所合理布局。

（7）根据危险和有害因素及作业岗位类别配备具有相应防护功能的劳动防护用品。

5. 什么是危险源？

危险源是指可能造成人员伤害、疾病，财产损失，作业环境破坏或其他损失的根源或状态。危险源包括但不限于危险化学品、机械设备、高温、高压、电气设备、火源等。在工业制造、建筑施工、交通运输等领域都存在各种类型的危险源。危险源可以是一次事故、一种环境、一种状态的载体，也可以是可能产生不期望后果的人或物。例如，液化石油气在生产、储存、运输和使用过程中，可能发生泄漏，引起中毒、火灾或爆炸事故，因此，充装了液化石油气的储罐是危险源；原油储罐有可能因呼吸阀损坏而发生事故，因此，损坏的原油储罐呼吸阀是危险源。

危险源由 3 个要素构成，即潜在危险性、存在条件和触发因素。危险源的潜在危险性是指，一旦危险源被触发，可能造成的危害程度或损失大小，或指危险源可能释放的能量强度或危险物质量的大小。危险源的存在条件是指危险源所处的物理、化学状态和约束条件，如物质的压力、温度、化学稳定性，盛装容器的坚固性，周围环境及障碍物等情况。触发因素虽然不属于危险源的固有属性，但它是危险源转化为事故的外因，而且每一类危险源都有相应的敏感触发因素。例如，对于易燃易爆物质，热能是其敏感触发因素；对于压力容器，压力升高是其敏感触发因素。因此，危险源总是与相应的触发因素相关联的，在触发因素的作用下，危险源转化为危险状态，继而转化为事故。

6. 危险源的分类有哪些?

根据定义，危险源具有潜在能量和物质释放危险，是在一定的触发因素作用下可转化为事故的部位、区域、场所、空间、岗位、设备及其位置。也就是说，危险源是能量、危险物质集中的核心，是能量从中传出或爆发的地方。危险源存在于确定的系统中，系统范围不同，危险源的种类也不同。例如，从全国范围来说，某个具体的危险行业（如石油、化工等行业），或某个企业（如炼油厂）就是一个危险源。从企业范围来说，某个车间、仓库就是危险源。而从车间范围来说，某台设备就是危险源。因此，分析危险源应按系统的不同层次来进行。

危险源是可能导致事故发生的潜在的不安全因素。实际上，生产过程中的危险源，即不安全因素种类繁多且非常复杂，它们在导致事故发生、造成人员伤害和财产损失方面的影响不尽相同。相应地，控制危险源的原则、方法也各不相同。根据危险源在事故发生、发展中的作用，可以把危险源划分为两大类，即第一类危险源和第二类危险源。

（1）第一类危险源

第一类危险源是指生产系统中存在的、可能发生意外释放的能量或危险物质。实际工作中往往把产生能量的能量源或拥有能量的能量载体看作第一类危险源。

在工业企业生产过程中，比较常见的第一类危险源主要有以下 8 种：

1）产生、供给能量的装置、设备。产生、供给人们生产、生活所需的能量的装置、设备是典型的能量源，如变电所、供热锅炉等。

2）使人体或物体具有较高势能的装置、设备、场所。使人体或物体具有较高势能的装置、设备、场所也可以被认为是一种能量源，如起重机械、提升机械、高差较大的场所等。

3）能量载体。拥有能量的人或物，如运动中的车辆、机械的运动部件、带电的导体等。

4）一旦失控则产生巨大能量的装置、设备、场所。一些装置、设备、场所在正常情况下可以按人们的意图进行能量转换和做功，但在意外情况下则产生巨大能量，如发生强烈放热反应的化工装置、充满爆炸性气体的储罐等。

5）一旦失控则发生能量蓄积或突然释放的装置、设备、场所。正常情况下，装置、设备、场所内多余的能量会被泄放而处于安全状态，但失控时则发生能量的大量蓄积，并导致大量能量的意外释放，如各种压力容器、受压设备及容易发生静电蓄积的装置、场所等。

6）危险物质。这类物质既包括干扰人体与外界能量交换的有害物质，也包括具有化学能的危险物质。具有化学能的危险物质分为易燃易爆危险物质和有毒有害危险物质两类。前者指能够引起火灾、爆炸的物质，按其形态可分为易燃气体、易燃液体、易燃固体；按其物理化学性质可分为易爆化合物、自燃性物质、忌水性物质和混合危险物质等。后者指直接加害于人体，造成人员中毒、致病、致畸、致癌等的化学物质。

7）生产、加工、储存危险物质的装置、设备、场所。这些装置、设备、场所在意外情况下可能引起其中的危险物质起火、爆炸或泄漏，如炸药的生产、加工、储存设施，石油化工生产装置等。

8）运动的人体一旦与之接触将导致人体能量意外释放的物体。物体的棱角、工件的毛刺、锋利的刃等，一旦运动的人体与之接触，人体的动能会以非预期的方式转化为其他形式的能量而遭受伤害。

（2）第二类危险源

导致约束、限制能量的屏蔽措施失效或被破坏的各种不安全因素称作第二类危险源，包括人、物、环境 3 个因素。

1）人的因素主要是人的不安全行为和人的失误。人的不安全行为一般是指明显违反安全操作规程的行为，这种行为往往直接导致事故发生。例如，未断开电源就带电修理电气线路而发生触电等。人的失误是指人的行为的结果偏离了预定的标准。例如，闭合开关使检修中的线路带电，误开阀门使有害气体泄放等。人的不安全行为和人的失误可能会直接破坏对第一类危险源的控制状态，造成能量或危险物质的意外释放，进而导致事故。

2）物的因素可以概括为物的不安全状态和物的故障（或失效）。物的不安全状态是指机械设备、物质等不符合安全要求的状态。例如，传动齿轮没有防护装置、带电体裸露等。在安全管理实践中，往往把物的不安全状态称作“隐患”。物的故障（或失效）是指机械设备、零部件等由于性能不良而不能实现预定功能的现象。物的不安全状态和物的故障（或失效）可能直接使约束、限制能量或危险物质的措施失效而发生事故。例如，电线绝缘损坏发生漏电，管路破裂使其中的有毒有害介质泄漏等。有时，一种物的故障可能导致另一种物的故障，最终造成能量或危险物质的意外释放。例如，压力容器的泄压装置故障，使容器内部介质压力上升，最终导致容器破裂。物的因素有时也会诱发人的因素，人的因素有时也会诱发物的因素，实际情况比较复杂。

3）环境因素主要是指系统运行的环境，包括温度、湿度、照明通风、噪声和振动等物理环境，以及企业和社会的软环境。环境因素也会诱发物的因素或人的因素。例如，潮湿的环境会加速金属腐蚀，从而降低结构或容器的强度；工作场所强烈的噪声影响人的情绪、分散人的注意力，从而发生人的失误；企业的管理制度、内部人际关系或社会环境会影响人的心理，可能造成人的不安全行为或人的失误。

7. 从实际生产考虑，一般从哪些角度来评价危险源？

危险源评价是一项重要的工作，它有助于识别和理解潜在的危险，以及为后续采取适当的措施减少风险提供参考。在实际生产中，一般可以从危险源可能造成后果的严重程度、危险被触发的可能性、接触危险源的频繁程度 3 个角度来评价危险源。

（1）危险源可能造成后果的严重程度

危险源可能造成后果的严重程度是在评价危险源时必须考虑的因素，这一角度考虑的是，一旦危险源引发事故可能造成的损害程度。某些危险源可能导致严重的人身伤害、财产损失或环境破坏。评估事故的潜在严重性，可以帮助确定应对措施的紧急性和必要性。

（2）危险源被触发的可能性

这涉及危险源引发事故的概率。一些危险源引发事故的概率较高，而另一些则较低。识别危险源引发事故的概率有助于确定风险度，并能够在风险度较高的地方采取更积极的措施。

（3）接触危险源的频繁程度

这个方面考虑的是人员或物资与危险源接触的频率和程度。即使某个危险源本身引发事故的可能性较低，但若其被频繁接触，事故发生的概率仍然很大。这种评估有助于确定哪些危险源需要更频繁的监控或更严格的控制措施。

8. 如何进行危险源辨识?

在日常生活中，我们会经常遇到各种潜在的危险源，因此了解和辨识危险源尤为重要。在进行危险源辨识时，可以参考以下方法。

（1）观察法

观察法是最直观、最常用的危险源辨识方法之一，是指通过仔细观察作业现场的作业流程、设备和工具的使用情况等，发现潜在的危险源。观察法的优点是简单直观，任何人都可以通过观察发现危险源。然而，观察法受观察者的经验和专业知识水平等限制，可能存在遗漏或疏忽。因此，还需要借助其他方法来辨识危险源。

（2）调查研究法

调查研究法是一种更为系统和全面的危险源辨识方法。通过对某个特定领域或场所进行调查研究，可以了解该领域或场所存在的潜在危险源，并采取相应的措施进行预防和管理。通过调查研究，可以及时发现和解决存在的事故隐患，降低事故发生的概率。调查研究法的优点是能够全面了解某个特定领域或场所的危险源，并采取相应的措施进行预防和管理。然而，调查研究法需要投入较多的时间和精力，且对调查人员的专业知识要求较高。

（3）专家咨询法

专家咨询法是一种比较依赖专业人员的危险源辨识方法。当面临一些复杂或专业性较强的危险源时，可以寻求专家的帮助。专家通常具有丰富的经验和专业知识，能够准确地辨识危险源，并提供相应的解决方案。通过专家咨询，可以避免出现因知识不足而遗漏重要危险源的情况。专家咨询法的优点是可以获得专业人员的帮助和意见，提高危险源辨识的准确性。然而，专家咨询需要付出一定的费用，并且辨识结果会受专家个人经验等因素的影响，因此在选择专家时需要谨慎权衡。

9. 危险源检查与管理的流程是什么？

危险源检查与管理是一种系统性的方法，用于识别、评估和控制潜在的危险源，以确保工作场所的安全。以下是一般的危险源检查与管理流程。

（1）危险源识别

危险源检查与管理的第一步是在工作场所仔细识别潜在的危险源，包括对各个工作区域和相关活动的详细分析，以全面了解可能存在的物理、化学、生物危险因素，以及由人的因素引起的潜在风险。

（2）收集信息

在危险源识别的基础上，收集关于工作场所和工作过程的详细信息，包括设备、材料、人员和环境等的相关数据，并进行分析，以更准确地评估危险源可能造成的后果的严重性和被触发的可能性。

（3）危险源评估

对每个潜在危险源进行评估是危险源检查与管理的核心步骤。通过使用风险矩阵或其他评估工具，确定危险的风险级别，以便有针对性地制定相应的控制措施。

（4）制定控制措施

根据危险源评估的结果，制定适当的控制措施，包括完善工作流程、提供劳动防护用品、开展教育培训等，以降低或消除潜在风险。

（5）实施控制措施

制定的控制措施需要有效地付诸实践，确保从业人员理解并遵守相关的安全操作规程，从而最大限度地减少潜在的危险源对工作场所的影响。

（6）监测与审查

设置监测机制，定期检查危险源控制措施的有效性。定期审查危险源检查和管理程序，以确保其与变化的工作环境、技术和法律法规保持一致。

（7）保持沟通

保持有效的沟通渠道，使从业人员能够及时报告潜在的安全问题或提出改进建议，促进整个团队的安全意识和合作意识。

（8）记录和报告

对危险源检查的结果、采取的措施和监测数据进行详细记录。在必要时，向管理层、基层从业人员和相关监管机构报告危险源的情况和管理措施，确保危险源检查与管理流程透明、合规。

（9）改进

持续改进危险源检查与管理程序，以适应工作环境、技术和法规的变化。通过不断学习和优化，确保工作场所安全管理水平不断提升。

10. 危险源控制的有效手段有哪些？

危险源控制是指通过采取一系列措施，预防和减少事故发生的可能性和危害程度。为了确保人员的安全和健康，必须采取有效手段控制危险源。

（1）风险评估与管控

风险评估与管控是指对可能出现的各种风险进行分析和评估，并制订相应的管控计划。首先，需要确定可能存在的危险因素，包括人员、环境、设备等方面；其次，对这些因素进行分析，确定其可能导致的风险类型和程度，并根据实际情况制订相应的管控计划；最后，在实施管控计划时，需要考虑不同人员群体之间的差异，以及不同环境下所需采取的不同管控方法。

（2）安全教育培训

安全教育培训是确保从业人员安全的重要手段。通过开展安全教育培训，可以增强从业人员对危险源的认识和意识，增强其自我保护能力。同时，还可以使从业人员掌握必要的安全知识和技能，提高其应对突发事件的能力。

（3）设备维护与检修

设备维护与检修是确保设备安全运行的重要手段。通过定期维护和检修设备，可以及时发现问题并进行处理，避免因设备故障而导致事故发生。设备维护与检修需要根据实际情况制订相应的计划，并按照计划实施。同时，在日常使用过程中，还需要注意设备的正常使用和保养，以避免因使用不当而导致设备故障。

（4）安全标志

安全标志由图形符号、几何形状等构成，用以提醒从业人员注意危险源的存在，并引导从业人员采取相应的防护措施。使用安全标志时，需要根据实际情况确定标志的种类、位置和形式，并确保其清晰醒目。同时，在储运化学品等危险物品时，还需要在其包装上粘贴或者拴挂与包装内危险化学品相符的化学品安全标签，表明其在装卸或储藏时的危险性。这样可以有效地提醒人员注意危险源的存在，并采取相应的措施。

11. 什么是事故隐患？

事故隐患是指生产经营单位违反安全生产法律、法规、规章、标准、规程和安全生产管理制度的规定，或者因其他因素在生产经营活动中存在可能导致事故发生的危险状态、不安全行为和管理上的缺陷。

事故隐患分为一般事故隐患和重大事故隐患。一般事故隐患是指危害和整改难度较小，发现后能够立即整改排除的隐患。重大事故隐患是指危害和整改难度较大，应当全部或者局部停产停业，并经过一定时间整改治理方能排除的隐患，或者因外部因素影响致使生产经营单位自身难以排除的隐患。

法律提示

《中华人民共和国安全生产法》（以下简称《安全生产法》）第五十九条规定，从业人员发现事故隐患或者其他不安全因素，应当立即向现场安全生产管理人员或者本单位负责人报告；接到报告的人员应当及时予以处理。

12. 什么是隐患排查治理？

隐患排查治理（也称事故隐患排查治理）是指识别、评估和处理各种环境（如工作场所、公共空间、居住区等）中可能导致伤害、事故或损失的潜在风险和问题的过程。这一过程旨在通过主动识别和解决隐患，来预防事故的发生，确保人员和财产安全。隐患排查治理是一个持续的过程，需要组织和个人持续地投入关注和资源。它不仅涉及技术和操作方面的改进，也包括建立安全文化，鼓励从业人员积极参与和报告潜在的安全问题等方面。

事故隐患排查治理工作应坚持人民至上、生命至上的原则，实行全面排查、科学治理、政府监督、社会参与的管理方式。此外，隐患排查治理是《安全生产法》已经确立的重要制度，在此基础上，《安全生产法》还规定了隐患排查治理情况应向从业人员通报，以及重大事故隐患排查治理情况应及时向有关部门报告的规定，目的是使生产经营单位在监管部门和本单位从业人员的双重监督下，确保隐患排查治理到位。生产经营单位承担事故隐患排查治理的主体责任，单位的主要负责人是事故隐患排查治理的第一责任人。生产经营单位还需建立健全并落实事故隐患排查治理制度，通过技术和管理措施，及时发现并消除事故隐患。

法律提示

《安全生产事故隐患排查治理暂行规定》第八条规定，生产经营单位是事故隐患排查、治理和防控的责任主体。生产经营单位应当建立健全事故隐患排查治理和建档监控等制度，逐级建立并落实从主要负责人到每个从业人员的隐患排查治理和监控责任制。

《安全生产事故隐患排查治理暂行规定》第十条规定，生产经营单位应当定期组织安全生产管理人员、工程技术人员和其他相关人员排查本单位的事故隐患。对排查出的事故隐患，应当按照事故隐患的等级进行登记，建立事故隐患信息档案，并按照职责分工实施监控治理。

13. 隐患排查治理的步骤是什么？

隐患排查治理是一个系统的过程，旨在识别和减轻可能导致伤害或事故的潜在风险，通过有效的隐患排查治理，可以显著降低事故发生的风险，提高整体安全水平。这一过程包含以下关键步骤，以确保全面而有效地管理事故隐患。

（1）隐患识别

隐患识别是一个关键的安全管理步骤，通过使用多种方法来发现可能导致伤害或事故的潜在问题。例如，定期对设备、工作环境和操作规程进行全面审视，以发现潜在的危害；通过从业人员反馈来获取相关信息，因为从业人员在日常操作中可能会觉察一些管理层难以发现的风险点。此外，对历史事故数据进行分析也很重要，它可以揭示特定类型的隐患模式和常见的事故原因。通过这些方法的组合使用，可以更全面地识别出潜在的事故隐患，从而采取适当的预防措施来降低事故的风险。

（2）风险评估

风险评估涉及对已经识别的潜在事故隐患进行深入分析，以确定这些隐患可能导致的伤害或损失的严重程度和发生的可能性。这一过程通常开始于对各种风险因素的分类和优先级排序，评估人员要考虑各种因素，如隐患的性质、可能受影响的人员数量、以往类似情况的后果等。风险评估的结果将帮助确定需要采取的控制措施的紧迫性和范围。例如，发生概率大且后果严重的隐患将被优先处理。风险评估不仅有助于明确风险的具体特点，还能为制定有效的预防和缓解措施提供依据，从而有针对性地减少潜在风险带来的影响。

（3）制定治理措施

制定治理措施是核心环节，是指基于风险评估的结果，通过实施有效的策略来消除或减轻已识别的事故隐患。这些措施通常涵盖多个方面，如技术上的改进包括更新或维护设备、引入更安全的工艺流程、安装额外的安全设备等降低事故发生的风险；操作规程的调整则涉及修改作业指南或工作流程，以减少操作中的风险点；而培训教育则是确保所有从业人员能够了解潜在的安全风险，并掌握必要的知识和技能来安全地完成工作任务。需注意的是，治理措施的制定也应该是一个动态的过程，需要根据新的信息和数据不断调整和完善。

（4）实施和监督

实施和监督涉及将既定的治理措施转化为实际行动，并确保这些措施在实际操作中得到恰当执行和持续完善。实施过程中，关键是确保所有从业人员都清楚自己的职责和要求，并且具备执行这些措施所需的资源和支持。还要定期检查和评估治理措施的执行情况，确保按计划进行且实际效果符合预期目标。通过这种持续的监督可以确保安全措施不断适应变化的环境，从而有效地降低安全风险。

（5）复查和改进

复查和改进是隐患排查治理过程中的最后且不断循环的步骤，关键在于持续评估和优化已实施的治理措施。这一步骤要求定期总结治理措施的效果，以确保达到预期的安全目标。在复查过程中，通过收集和分析数据，如事故记录、安全检查结果和从业人员反馈，来评估现有措施的有效性和可能存在的不足，从而达到减少甚至消除事故隐患的目的。

14. 有效的隐患排查治理制度要素有哪些?

随着工业化进程的不断加快，生产经营单位在发展的同时也面临着各种事故隐患。为了确保从业人员的生命安全和财产安全，生产经营单位建立有效的隐患排查治理制度是至关重要的。有效的隐患排查治理制度要素主要包括以下 5 点。

（1）合规性

生产经营单位建立有效的隐患排查治理制度，首先要确保该制度与相关的法律、法规相符合。生产经营单位要通过研究相关法律、法规，了解自身所属行业的有关要求，制定和修订相应的制度，并确保从业人员对这些法律、法规有所了解并做到严格遵守。

（2）风险评估与排查

生产经营单位应建立一套科学完善的风险评估机制，并将其作为制度的一部分。应通过对生产环节的全面排查，发现生产过程中可能存在的隐患，并及时采取相应的措施进行治理，有效降低事故发生的概率。

（3）责任体系建设

建立有效的隐患排查治理制度，还需要健全相关的责任体系。生产经营单位应该设立专门的安全管理部门，并明确各级管理人员和一线从业人员的职责。通过明确责任和任务，形成合力，提高安全管理的效果。

（4）培训和宣传教育

隐患排查治理制度的落实需要广大从业人员的共同参与。因此，生产经营单位要加强从业人员的培训和宣传教育工作，增强从业人员的安全意识和技能水平。要通过定期组织各类安全培训和宣传教育活动，增强从业人员对隐患排查治理的重视和执行力度。

（5）监管和督导机制

监管和督导机制是确保隐患排查治理制度有效执行的关键环节之一。生产经营单位应严格遵守相关监管要求，建立健全内部监督机制。同时，也要积极配合政府相关部门的监督和检查工作，接受外部的社会监督。

15. 事故的定义是什么？

事故是人们不期望发生的、造成损失的意外事件。事故可以发生在各个领域，如会计算错了账、产品出现了质量问题、工作中受到了伤害等都是事故。事故的定义中包含3个关键词，即“不期望”“损失”“意外”。关于第一个关键词“不期望”，是指多数人不期望发生的事件，比如偷盗抢劫事件，正常情况下大多数人都不希望其发生，因此是一种事故；第二个关键词“损失”，是指任何事故都有损失，只是损失的大小、类型不同，而且损失的类型分为人的生命与健康损害、财产损失和环境破坏三种；第三个关键词是“意外”，一些人认为事故是意外发生的，另一些人认为事故是未能完全清除不安全因素所必然导致的，所以意外的判定与管理理念有关。

按照事故发生过程中人的意志的作用，可将事故分为3类。第一类事故是人为主动策划、操控出来的，如社会安全事件等。第二类事故不是人为主动策划、操控出来的，但却是人类各种生产、生活活动造成的损失。如果人类不活动，这类事故就不会产生；人类通过妥善安排活动，这类事故就能够避免。第三类事故是自然灾害，其发生是人类无法控制的自然界运动的结果，如地震、台风等。

16. 事故的分类有哪些?

（1）按事故类别分类

《企业职工伤亡事故分类》（GB 6441—1986）按事故类别将事故分为20类，即物体打击、车辆伤害、机械伤害、起重伤害、触电、淹溺、灼烫、火灾、高处坠落、坍塌、冒顶片帮、透水、放炮、火药爆炸、瓦斯爆炸、锅炉爆炸、容器爆炸、其他爆炸、中毒和窒息、其他伤害。

（2）按事故经济损失程度分类

根据《企业职工伤亡事故经济损失统计标准》（GB 6721—1986）的规定，事故可分为以下4类：

1）一般损失事故。经济损失小于1万元的事故。

2）较大损失事故。经济损失大于或等于 1 万元，但小于 10 万元的事故。

3）重大损失事故。经济损失大于或等于 10 万元，但小于 100 万元的事故。

4）特大损失事故。经济损失大于或等于 100 万元的事故。

（3）按事故严重程度分类

《生产安全事故报告和调查处理条例》根据生产安全事故造成的人员伤亡或者直接经济损失，将事故分为以下等级：

1）特别重大事故。造成 30 人以上死亡，或者 100 人以上重伤（包括急性工业中毒，下同），或者 1 亿元以上直接经济损失的事故。

2）重大事故。造成 10 人以上 30 人以下死亡，或者 50 人以上 100 人以下重伤，或者 5 000 万元以上 1 亿元以下直接经济损失的事故。

3）较大事故。造成 3 人以上 10 人以下死亡，或者 10 人以上 50 人以下重伤，或者 1 000 万元以上 5 000 万元以下直接经济损失的事故。

4）一般事故。造成 3 人以下死亡，或者 10 人以下重伤，或者 1 000 万元以下直接经济损失的事故。

上述规定所称的“以上”包括本数，所称的“以下”不包括本数。

国务院应急管理部门可以会同国务院有关部门，制定事故等级划分的补充性规定。目前，这类事故分类方法经常被用于生产安全事故的报告和调查处理工作中。

17. 事故对人会造成哪些伤害?

根据事故发生后人员受到伤害的严重程度和伤害后的恢复

情况，可将伤害分为 4 类。

（1）暂时性失能伤害

受伤害者或中毒者暂时不能从事原岗位工作，经过一段时间的治疗或休息可以恢复工作能力的伤害。

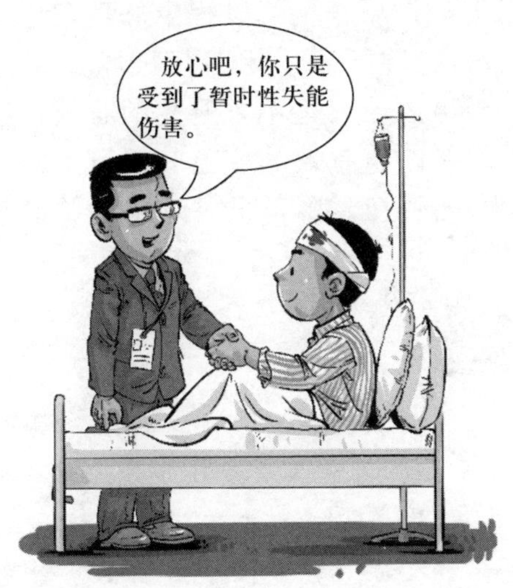

（2）永久性部分失能伤害

导致受伤害者或中毒者肢体或某些器官的功能发生不可逆丧失的伤害。

（3）永久性全失能伤害

除死亡外，一次事故中，使受伤害者或中毒者身体功能完全残障的伤害。

（4）死亡

事故导致人员死亡，是人们最不愿看到的伤害。从各类事故血的教训中不难看出，事故导致人员死亡不仅给生产经营单位带来了巨大的损失，更使得其家庭支离破碎。此外，重特大事故对社会乃至国家造成的负面影响更是不可估量。

18. 事故应急救援包含哪些内容?

事故应急救援是指通过事前计划和应急措施，在事故发生时采取的消除、减少事故危害和防止事故恶化，最大限度地降低事故损失的措施。生产过程中一旦发生事故，往往造成惨重的人员伤亡、财产损失和环境破坏。由于自然或人为、技术等原因，当事故或灾害不可避免的时候，建立事故应急救援体系，采取及时、有效的应急救援行动，就成为抵御事故风险或控制灾害蔓延、降低危害后果的关键甚至是唯一手段。

法律提示

《中华人民共和国突发事件应对法》第七十八条规定，受到自然灾害危害或者发生事故灾难、公共卫生事件的单位，应当立即组织本单位应急救援队伍和工作人员营救受害人员，疏散、撤离、安置受到威胁的人员，控制危险源，标明危险区域，封锁危险场所，并采取其他防止危害扩大的必要措施，同时向所在地县级人民政府报告；对因本单位的问题引发的或者主体是本单位人员的社会安全事件，有关单位应当按照规定上报情况，并迅速派出负责人赶赴现场开展劝解、疏导工作。

突发事件发生地的其他单位应当服从人民政府发布的决定、命令，配合人民政府采取的应急处置措施，做好本单位的应急救援工作，并积极组织人员参加所在地的应急救援和处置工作。

19. 事故产生的原因是什么？

在事故处理中，总是要通过分析事故产生的原因，确定相关事故责任。

事故的发生，是多种原因、各种因素综合作用的结果，既不是单个因素造成的，也不是个人偶然失误或单纯设备故障所形成的。例如，一起煤矿瓦斯爆炸事故，经过调查分析可查出很多不安全因素，包括事发矿山整体安全管理混乱，如违法违章开采等；机械设备出现各种不安全状态，如通风设备安置不合理、防爆电气设备失爆等；工人违章操作，如没有按操作规程作业、不正确佩戴劳动防护用品等。在这些不安全因素的共同作用下，当工作面瓦斯超标，达到爆炸极限而没有及时采取措施时，就会导致瓦斯爆炸事故的发生。

如果在事故发生后，应急救援系统不完善，不能及时而有序地进行事故应急救援，那么必然会造成人员伤亡，给生产经营单位和国家带来难以弥补的损失。

一般来说，事故的原因包括直接原因和间接原因。

（1）直接原因

直接原因与事故的发生有最直接的因果关系，又称为一次原因。直接原因可分为以下 3 类。

1）物的原因。物的原因是设备的不良状态所引起的，也称物的不安全状态，即能使事故发生的不安全的物体条件或物质条件。

2）环境原因。环境原因是指环境的不良条件。

3）人的原因。人的原因是指人的不安全行为，即违反安全法律法规和安全操作规程，使事故有可能或有机会发生的行为。

（2）间接原因

间接原因是指引起事故发生的相关方面原因。间接原因可分为以下 5 类。

1）技术的原因。技术的原因主要包括装置、机械、建筑物的设计缺陷，建筑物竣工后的检查保养等不完善，机械装备布置不合理，室内照明以及通风、机械工具的设计和保养不当，危险场所的防护设备及警报设备、劳动防护用品的维护和配备等存在不足等。

2）教育的原因。教育的原因包括相关人员的安全知识缺乏，安全操作经验不足，对作业过程中的危险性不了解，培训不足，没有养成良好的操作习惯等。

3）身体的原因。身体的原因包括作业人员身体有缺陷，睡眠不足而引起疲劳，酒后进行作业等。

4）精神的原因。精神的原因包括作业人员存在怠工、逆反、不满等不良心理，焦躁、过度紧张等精神状况，偏激、固执、不能与他人和平共处等性格缺陷。

5）管理的原因。管理的原因包括生产经营单位主要负责人对安全的责任心不强、作业标准不明确、缺乏检查保养制度、劳动组织不合理等。

20. 如何进行事故原因分析？

（1）人的原因

一般来说，人的原因主要表现为不安全行为，能够或可能导致事故发生的人为失误都属于不安全行为。《企业职工伤亡事故分类》（GB 6441—1986）中规定的13大类人的不安全行为如下。

1）操作错误，忽视安全，忽视警告。此类不安全行为包括：未经许可开动、关停、移动机器；开动、关停机器时未给信号；开关未锁紧，造成意外转动、通电或泄漏等；忘记关闭设备；忽视警告标志、警告信号；操作（指按钮、阀门、扳手、手柄等的操作）错误；奔跑作业；供料或送料速度过快；机械超速运转；违章驾驶机动车；酒后作业；客货混载；冲压机作业时，手伸进冲压模；工件紧固不牢；用压缩空气吹铁屑等。

2）造成安全装置失效。此类不安全行为包括：拆除了安全装置；安全装置堵塞、失去作用；调整错误造成安全装置失效等。

3）使用不安全设备。此类不安全行为包括：临时使用不牢固的设施；使用无安全装置的设备等。

4）用手代替工具操作。此类不安全行为包括：用手代替手动工具；用手清除切屑；不用夹具固定、用手拿工件进行机加工等。

5）物体（指成品、半成品、材料、工具、切屑和生产用品等）存放不当。

6）冒险进入危险场所。此类不安全行为包括：冒险进入涵洞；接近漏料处（无安全设施）；采伐、集材、运材、装车时，未离开危险区；未经安全管理人员允许进入油罐或井中；未“敲帮问顶”就开始作业；冒进信号；调车场超速上下车；在易燃易爆场所使用明火；私自搭乘矿车；在绞车道行走；未及时瞭望等。

7）攀、坐不安全位置（如平台护栏、吊车吊钩等）。

8）在起吊物下作业、停留。

9）机器运转时进行加油、修理、检查、调整、焊接、清扫等工作。

10）有分散注意力的行为。

11）在必须使用劳动防护用品的作业场所，忽视其使用。此类不安全行为包括：未戴护目镜或面罩；未戴防护手套；未穿安全鞋；未戴安全帽；未佩戴呼吸防护用品；未佩戴安全带；未戴工作帽等。

12）不安全装束。此类不安全行为包括：在有旋转零部件的设备旁作业时穿着过于肥大的服装；操纵带有旋转零部件的设备时戴手套等。

13）对易燃易爆等危险物品的错误处理。

在日常工作中，常常能看到由于人的不安全心理状态导致生产过程中的“三违”（违章指挥、违章作业、违反劳动纪律）行为，而“三违”极其容易造成事故发生。

（2）物的原因

《企业职工伤亡事故分类》（GB 6441—1986）中规定的物的不安全状态如下：

1）防护、保险、信号等装置缺乏或有缺陷。此类不安全状态包括：无防护，如无防护罩、无安全保险装置、无报警装置、无安全标志、无护栏或护栏损坏等；防护不当，如防护罩未在适当位置、防护装置调整不当、防爆装置不当、电气装置带电部分裸露等。

2）设备、设施、工具、附件有缺陷。此类不安全状态包括：设计不当、结构不符合安全要求，如通道门遮挡视线、制动装置有缺陷、安全间距不够等；强度不够，如机械强度不够、绝缘强度不够、起吊重物的绳索不符合安全要求等；设备在非正常状态下运行，如设备带“病”运转、超负荷运转等；维修、调整不良，如设备失修、地面不平、保养不当导致设备失灵等。

3）劳动防护用品缺少或有缺陷。此类不安全状态包括：无劳动防护用品，所用的防护用品不符合安全要求等。

4）生产（施工）场地环境不良。此类不安全状态包括：照明光线不良，通风不良，作业场所狭窄，作业场地杂乱，交通线路的配置不安全等。

（3）管理的原因

通过总结各种重大生产安全事故的调查报告可以看出，很多事故是由于管理上的失误而导致的，是人为引起的、完全可以避免的事故。

管理的完善体现在安全生产法律法规的落实，安全生产管理体系、安全生产管理工作的有效性和可靠性，预防事故发生的组织措施（教育和管理措施等）的完善性，操作者和管理者的安全素质及对不安全行为的控制等方面。

管理的缺陷具体表现为没有按规定对从业人员进行安全教育和技术培训，或安排未取得相关从业资格的人员上岗操作；缺乏安全操作规程或操作规程不健全；安全措施、安全信号、安全标志、安全用具、劳动防护用品缺乏或有缺陷；对现场工作缺乏检查；违章指挥，违反安全生产责任制，违反劳动纪律，玩忽职守。

21. 事故预防的三级防控指什么?

（1）一级防控

一级防控即原因控制，强调从事故发生的源头入手，实施“预防为主”的理念。这包括确保工作场所、作业人员和工作条件同时符合安全要求；关注本质安全水平，通过工艺和系统设计减少危险物质的使用和储存，降低事故风险；加强从业人员的安全教育培训，使其具备安全意识和技能，同时注重生产过程中事故风险的防范。

（2）二级防控

二级防控即安全生产检查，强调隐患排查治理和及时发现潜在的事故隐患。通过定期的安全生产检查，可以确保工作场所的安全性，将危险消灭在萌芽状态，防止其发展演变成实际事故。

（3）三级防控

三级防控即事故调查和处理，强调在事故发生后进行严肃的调查与处理。这涉及查明事故原因、采取相应的处理措施，以及落实各级部门和相关责任人的安全生产职责。通过总结事故教训，改进管理和工作制度，可以实现举一反三，避免类似事故再次发生。

22. 哪些事故伤害属于工伤?

在安全生产工作中，从事故统计的角度出发，一般把造成损失工作日达到或超过 1 天的人身伤害或急性中毒事故称为伤亡事故。其中，因工作原因发生的伤亡事故属于工伤。

工伤包括工作意外事故和职业病所致的伤残及死亡。这里所说的“伤”是指劳动者在工作中因发生意外事故导致身体器官或生理功能受到的损害，分为器官损伤和职业病损伤 2 种情况，通常表现为暂时性的、部分的劳动能力丧失；“残”是指劳动者因工负伤或者患职业病后，虽经治疗、休养，但仍难痊愈，致使身体功能不全，包括肢体缺损和智力丧失两种情况，通常表现为永久性的部分劳动能力丧失或永久性的全部劳动能力丧失。根据《工伤保险条例》，对工伤的认定应符合以下规定。

（1）应当认定工伤的情形

职工有下列情形之一的，应当认定为工伤：

1）在工作时间和工作场所内，因工作原因受到事故伤害的。

2）工作时间前后在工作场所内，从事与工作有关的预备性或者收尾性工作受到事故伤害的。

3）在工作时间和工作场所内，因履行工作职责受到暴力等意外伤害的。

4）患职业病的。

5）因工外出期间，由于工作原因受到伤害或者发生事故下落不明的。

6）在上下班途中，受到非本人主要责任的交通事故或者城市轨道交通、客运轮渡、火车事故伤害的。

7）法律、行政法规规定应当认定为工伤的其他情形。

（2）应当视同工伤的情形

职工有下列情形之一的，视同工伤：

1）在工作时间和工作岗位，突发疾病死亡或者在 48 小时之内经抢救无效死亡的。

2）在抢险救灾等维护国家利益、公共利益活动中受到伤害的。

3）职工原在军队服役，因战、因公负伤致残，已取得革命伤残军人证，到用人单位后旧伤复发的。

（3）不能认定为工伤的情形

职工虽然符合上述应当认定或视同为工伤情形的规定，但是有下列情形之一的，不得认定为工伤或者视同工伤：

1）故意犯罪的。

2）醉酒或者吸毒的。

3）自残或者自杀的。

按照《工伤保险条例》和相关法律法规的规定，工伤职工有权利享受工伤保险待遇。虽然如此，工伤的发生仍然是职工本人及其家庭、用人单位，甚至是国家不愿看到的情形，工伤所造成的损失从来都是难以面对的。

23. 什么是职业病?

当职业病危害因素作用于人体的强度和时间超过一定的限度时，人体不能承受其所造成的功能性或器质性病理改变，从而出现相应的临床症状并影响劳动能力，这类疾病统称为职业病。

根据《中华人民共和国职业病防治法》（以下简称《职业病防治法》），职业病是指企业、事业单位和个体经济组织等用人单位的劳动者在职业活动中，因接触粉尘、放射性物质和其他有毒、有害因素而引起的疾病。

知识学习

生活中人们常说的职业病是泛指因工作劳累而引起的疾病，而在立法的意义上，职业病却具有一定的范围，即由国家有关主管部门规定的职业病，统称为法定职业病。

成为法定职业病需要具备以下 5 个条件：

（1）患病主体必须是企业、事业单位或者个体经济组织中的劳动者；

（2）必须是在从事职业活动的过程中产生的；

（3）必须是因接触粉尘、放射性物质和其他有毒有害物质等职业危害因素而引起的；

（4）必须是国家公布的《职业病分类和目录》所列的职业病；

（5）必须是经批准的职业病诊断机构诊断确定的。

24. 职业病与工伤有什么区别和联系？

（1）定义不同

工伤是工作伤害的简称，亦称职业伤害，是指生产劳动过程中，由于外部因素直接作用而引起机体组织的突发性意外损伤。职业病是指企业、事业单位和个体经济组织等用人单位的劳动者在职业活动中，因接触粉尘、放射性物质和其他有毒、有害因素而引起的疾病。

（2）原因不同

工伤一般是突发性事件，如因生产安全事故导致的伤亡及急性中毒等。职业病一般为接触粉尘、化学因素、物理因素、放射因素、生物因素等造成的慢性疾病。

（3）职业病属于工伤。

法律提示

《工伤保险条例》第十四条规定，职工患职业病的，应当认定为工伤。

《工伤保险条例》第三十条规定，职工因工作遭受事故伤害或者患职业病进行治疗，享受工伤医疗待遇。

《职业病防治法》第五十七条规定，职业病病人的诊疗、康复费用，伤残以及丧失劳动能力的职业病病人的社会保障，按照国家有关工伤保险的规定执行。

25. 职业病的种类有哪些？

《职业病分类和目录》规定，纳入法定职业病范围的职业病共 10 大类 132 种。

（1）职业性尘肺病及其他呼吸系统疾病

1）尘肺病。包括矽肺、煤工尘肺、石墨尘肺、碳黑尘肺、石棉肺、滑石尘肺、水泥尘肺、云母尘肺、陶工尘肺、铝尘肺、电焊工尘肺、铸工尘肺及根据《职业性尘肺病的诊断》（GBZ 70—2015）和《职业性尘肺病的病理诊断》（GBZ 25—2014）

可以诊断的其他尘肺病。

2）其他呼吸系统疾病。包括过敏性肺炎、棉尘病、哮喘、金属及其化合物粉尘肺沉着病（锡、铁、锑、钡及其化合物等）、刺激性化学物所致慢性阻塞性肺疾病、硬金属肺病。

（2）职业性皮肤病

职业性皮肤病包括接触性皮炎、光接触性皮炎、电光性皮炎、黑变病、痤疮、溃疡、化学性皮肤灼伤、白斑及根据《职业性皮肤病的诊断》（GBZ 18—2013）可以诊断的其他职业性皮肤病。

（3）职业性眼病

职业性眼病包括化学性眼部灼伤、电光性眼炎、白内障（含放射性白内障、三硝基甲苯白内障）。

（4）职业性耳鼻喉口腔疾病

职业性耳鼻喉口腔疾病包括噪声聋、铬鼻病、牙酸蚀病、爆震聋。

（5）职业性化学中毒

职业性化学中毒包括铅及其化合物中毒（不包括四乙基铅），汞及其化合物中毒，锰及其化合物中毒，镉及其化合物中毒，铍病，铊及其化合物中毒，钡及其化合物中毒，钒及其化合物中毒，磷及其化合物中毒，砷及其化合物中毒，铀及其化合物中毒，砷化氢中毒，氯气中毒，二氧化硫中毒，光气中毒，氨中毒，偏二甲基肼中毒，氮氧化合物中毒，一氧化碳中毒，二硫化碳中毒，硫化氢中毒，磷化氢、磷化锌、磷化铝中毒，氟及其无机化合物中毒，氰及腈类化合物中毒，四乙基铅中毒，有机锡中毒，羰基镍中毒，苯中毒，甲苯中毒，二甲苯中毒，正己烷中毒，汽油中毒，一甲胺中毒，有机氟聚合物单体及其热裂解物中毒，二氯乙烷中毒，四氯化碳中毒，氯乙烯中毒，三氯乙烯中毒，氯丙烯中毒，氯丁二烯中毒，苯的氨基及硝基化合物（不包括三硝基甲苯）中毒，三硝基甲苯中毒，甲醇中毒，酚中毒，五氯酚（钠）中毒，甲醛中毒，硫酸二甲酯中毒，丙烯酰胺中毒，二甲基甲酰胺中毒，有机磷中毒，氨基甲酸酯类中毒，杀虫脒中毒，溴甲烷中毒，拟除虫菊酯类中毒，铟及其化合物中毒，溴丙烷中毒，碘甲烷中毒，氯乙酸中毒，环氧乙烷中毒及上述条目未提及的与职业有害因素接触之间存在直接因果联系的其他化学中毒。

（6）物理因素所致职业病

物理因素所致职业病包括中暑、减压病、高原病、航空病、手臂振动病、激光所致眼（角膜、晶状体、视网膜）损伤、冻伤。

（7）职业性放射性疾病

职业性放射性疾病包括外照射急性放射病、外照射亚急性放射病、外照射慢性放射病、内照射放射病、放射性皮肤疾病、放射性肿瘤（含矿工高氡暴露所致肺癌）、放射性骨损伤、放射性甲状腺疾病、放射性性腺疾病、放射复合伤及根据《职业性放射性疾病诊断总则》（GBZ 112—2017）可以诊断的其他放射性损伤。

（8）职业性传染病

职业性传染病包括炭疽、森林脑炎、布鲁氏菌病、艾滋病（限于医疗卫生人员及人民警察）、莱姆病。

（9）职业性肿瘤

职业性肿瘤包括石棉所致肺癌、间皮瘤，联苯胺所致膀胱癌，苯所致白血病，氯甲醚、双氯甲醚所致肺癌，砷及其化合物所致肺癌、皮肤癌，氯乙烯所致肝血管肉瘤，焦炉逸散物所致肺癌，六价铬化合物所致肺癌，毛沸石所致肺癌、胸膜间皮瘤，煤焦油、煤焦油沥青、石油沥青所致皮肤癌，β－萘胺所致膀胱癌。

（10）其他职业病

其他职业病包括金属烟热，滑囊炎（限于井下工人），股静脉血栓综合征、股动脉闭塞症或淋巴管闭塞症（限于刮研作业人员）。

26. 职业病危害因素定义及其来源是什么？

（1）职业病危害因素的定义

职业病危害因素是指在职业活动中产生和（或）存在的，可能对职业人群健康、安全和作业能力造成不良影响的因素或条件，包括化学、物理、生物等因素。

（2）职业病危害因素的来源

职业病危害因素的来源主要有以下几种。

1）生产过程。如生产过程涉及的原材料、工业毒物、粉尘、噪声、振动、高温、辐射等因素。

2）劳动过程。主要与生产工艺的劳动组织情况、生产设备布局、生产制度、作业人员体位和方式以及智能化的程度有关。

3）作业环境。室外不良气象条件以及室内作业场所狭小、车间位置不合理、照明不良与通风不畅等因素都会对作业人员产生影响。

27. 职业病危害因素的分类有哪些？

（1）按照职业病危害因素来源分类

分为生产过程中的职业病危害因素、劳动过程中的职业病危害因素、工作环境中的职业病危害因素。

1）生产过程中的职业病危害因素。

①生产性粉尘，如矽尘、煤尘、石棉尘、电焊烟尘等；

②化学有毒物质，如铅、汞、锰、苯、一氧化碳、硫化氢、甲醛、甲醇等；

③物理因素和放射性因素，如噪声、振动、非电离辐射、电离辐射、异常气象条件等；

④生物因素，如附着于皮毛上的炭疽杆菌、甘蔗渣上的真菌，以及医务工作者可能接触的传染病病原体等。

2）劳动过程中的职业病危害因素。劳动过程是生产中劳动者为完成某项生产任务而进行的各种操作的总和，主要涉及劳动强度、劳动组织及操作方式等。劳动过程中的职业病危害因素包括不合理的劳动组织和作息制度；精神（心理）性职业紧张；劳动强度过大或生产定额不合理；个别器官或系统过度紧张；长时间处于不良体位或使用不合理的工具等。

3）作业环境中的职业病危害因素。作业环境是劳动者操作、观察、管理生产活动所处的外环境，涉及作业场所建筑布局、卫生防护、安全条件和设备设施等因素。作业环境中的职业病危害因素包括自然环境中的因素，如炎热夏季太阳辐射、高原低气压、深井的高温高湿等；厂房建筑或布局不合理、不符合职业卫生标准，如通风不良、采光照明不足、有毒和无毒工段在同一个车间且未设置隔离等；由不合理生产过程或不当管理所致环境污染。

（2）按照《职业病危害因素分类目录》分类

《职业病危害因素分类目录》将职业病危害因素分为 6 类，即粉尘、化学因素、物理因素、放射因素、生物因素和其他因素。

1）粉尘。粉尘主要包括矽尘、煤尘、石墨粉尘、炭黑粉尘、石棉粉尘、滑石粉尘、水泥粉尘等。在生产过程中，特别是工业生产过程中，职工经常接触粉尘。长期粉尘作业会导致职工患上尘肺病，甚至致癌。此外，粉尘还会对职工的健康造成其他危害，如在铸造车间中，粉尘会堵塞皮脂腺，导致皮肤干燥，引起痤疮、毛囊炎、脓皮病等。

2）化学因素。化学因素包括有毒物质，如铅、汞、氯乙烯以及生产过程中产生的其他化学性有毒物质。

3）物理因素。物理因素主要包括噪声、振动、异常气象条件和非电离辐射等。这些物理因素会对人体健康产生影响，例如高温和高湿会导致中暑、呼吸系统疾病等。

4）放射因素。放射因素包括电离辐射和放射性物质。其中，X 射线、γ 射线等是常见的电离辐射，长期暴露或暴露在高剂量的电离辐射下可能导致放射性疾病。而放射性物质包括放射性核素、放射性同位素等，长期接触或暴露在放射性物质中也可能导致放射性疾病。

5）生物因素。生物因素包括炭疽杆菌、布鲁氏菌、森林脑炎病毒等具有传染性的病原体，这些病原体可能通过接触、飞沫等方式传播给作业人员和周围的人，引发疾病。

6）其他因素。《职业病危害因素分类目录》中列出的其他因素包括 3 种：金属烟、井下不良作业条件、刮研作业。

28. 职业病危害因素预防的原则有哪些？

《职业病防治法》规定，职业病防治工作坚持预防为主、防治结合的方针，实行分类管理、综合治理。劳动者依法享有职业卫生保护的权利。用人单位应当为劳动者创造符合国家职业卫生标准和卫生要求的工作环境和条件，并采取措施保障劳动者获得职业卫生保护。

用人单位应当建立健全职业病防治责任制，加强对职业病防治的管理，提高职业病防治水平，对本单位产生的职业病危害承担责任，预防职业病危害应遵循三级预防原则。

（1）一级预防

从根本上使劳动者不接触职业病危害因素，如改变生产工艺，改进生产方法，确定容许接触量或接触水平，使生产过程达到安全标准，对人群中的易感者根据职业禁忌证避免其进入职业禁忌岗位。

（2）二级预防

在一级预防达不到要求、职业病危害因素已开始损害劳动者的健康时，应及时发现，采取补救措施，主要工作是进行职业危害及健康的早期检测与及时处理，防止其进一步发展。

（3）三级预防

对已患职业病者，应做出正确诊断，及时处理，包括及时脱离接触进行治疗，防止恶化和并发症。

二、安全生产检查及其内容

29. 什么是安全生产检查?

安全生产检查是在生产实践中创造出来的，是在劳动保护工作中的具体运用，是推动开展劳动保护工作的有效措施。安全生产检查的目的是预防事故的发生，保障从业人员和公众的生命安全。它是通过全面审查、检测和评估生产经营单位的生产设施，以及相关安全管理制度的有效性的监管措施。通过安全生产检查，可以发现可能存在的事故隐患，并及时采取措施消除事故隐患。

安全生产检查包括生产经营单位本身对劳动安全卫生工作进行的经常性检查，也包括由地方应急管理、行业主管部门联合组织的定期检查；既可以是普遍性检查，也可以对某类问题，如防暑降温、电气安全等进行的专业重点或季节性检查。

30. 安全生产检查的重要作用是什么?

安全生产检查是指对生产过程及安全管理中可能存在的隐患、危险和有害因素、缺陷等进行查证，对生产过程中影响正常生产的各种人的因素和物的因素（如机械、设备、流程等），进行深入细致的调查和研究，以确定隐患、危险和有害因素、缺陷的存在状态及其转化为事故的条件，以便制定整改措施，消除隐患、危险和有害因素、缺陷，确保生产安全。

安全生产检查是生产经营单位贯彻落实“安全第一、预防为主、综合治理”安全生产方针的重要手段，同时也是发现事故隐患、堵塞安全漏洞、强化安全管理、落实安全生产的重要措施之一。作为安全管理中的重要内容，安全生产检查的目的是识别存在的潜在危险，确定事故发生的根本原因，对危险源实施监控，最终采取纠正措施，确保生产经营单位安全、健康、稳定发展。

安全生产检查是生产经营单位及其生产班组安全管理工作的重要内容，是消除隐患、防止事故发生、改善劳动条件的重要手段。通过安全生产检查可以发现生产过程中的危险和有害因素，以便有计划地制定纠正措施，保证生产安全。总之，通过安全生产检查，可以起到以下几个方面的重要作用。

（1）通过安全生产检查，可以发现生产过程中人的不安全行为和物的不安全状态及安全生产管理上存在的问题，从而采取对策，消除不安全因素，保障生产安全。

（2）通过安全生产检查，可以预知危险和有害因素，清除危险源，消除事故隐患，最大限度地降低伤亡事故发生概率和经济损失率。

（3）通过安全生产检查，可以对生产中存在的职业病危害因素进行归类总结并采取措施进行消除，有效防范职业病的发生。

（4）通过安全生产检查，可以进一步宣传、贯彻、落实安全生产方针、政策和各项安全生产规章制度，增强各类从业人员执行安全操作规程的主动性和自觉性。

（5）通过安全生产检查，可以增强管理人员和一线从业人员的安全生产意识，纠正违章指挥、违章作业及违反劳动纪律的行为。

（6）通过安全生产检查，可以创造互相学习、总结经验、吸取教训的安全生产氛围，取长补短，促进生产经营单位的安全生产工作进一步发展。

（7）通过安全生产检查，可以掌握安全生产动态，分析安全生产形势，为研究加强安全管理提供信息支持。

31. 安全生产检查的意义与目标是什么？

（1）安全生产检查的意义

安全生产检查是确保工作场所安全和预防事故发生的重要手段之一。其意义在于保护从业人员的生命安全和身体健康，维护生产经营单位的稳定运营，同时有助于保护公众和环境免受潜在危险的影响。通过定期进行安全生产检查，可以及时发现潜在的事故隐患和安全漏洞，采取有效的措施进行纠正，以防止事故的发生。这有助于安全文化的建立，促使从业人员在工作中更加注重安全，降低事故和伤害发生的概率。

（2）安全生产检查的目标

安全生产检查的目标主要包括以下 3 个方面。

1）确保工作场所的设施和设备符合相关的法律法规和标准，以减少由于设备故障或使用不当而导致的事故。

2）评估工作过程中可能存在的危险和有害因素，制定并实施相应的控制措施，以最大限度地减少事故的发生可能性。

3）安全生产检查还着重于培养从业人员的安全素养，通过培训和教育，提高从业人员对安全操作规程的理解和遵守安全操作规程的意识，从而降低人为因素引起的事故风险。

总体而言，安全生产检查的意义在于全面提升工作场所的安全水平，保障从业人员的生命安全和身体健康，维护生产经营单位的可持续发展，同时有助于社会的和谐稳定。安全生产检查的目标则是通过系统性的检查和管理，及时发现并解决事故隐患，最终实现安全生产的长期可控。

32. 安全生产检查中负有法律责任的主体有哪些？

安全生产检查中负有法律责任的主体涉及多个方面，包括生产经营单位、管理人员以及从业人员和相关监管部门等。

（1）生产经营单位

生产经营单位是安全生产的责任主体。生产经营单位必须遵守《安全生产法》和相关法律法规，加强安全生产管理，改善安全生产条件，提高安全生产水平，确保安全生产。

（2）生产经营单位管理人员

生产经营单位管理人员在安全生产中也负有重要的法律责任。生产经营单位的主要负责人和安全生产管理人员要制定并执行相关安全生产制度，确保从业人员得到必要的安全培训，并监督生产过程中安全规章制度的执行情况。管理人员若因疏忽导致安全事故，将承担相应的法律责任。

（3）从业人员

从业人员在安全生产中也有相应的法律责任。从业人员在工作中要遵守安全操作规程，正确使用安全设备，提高安全意识，不得违规操作或者忽视安全规定。从业人员若因违章作业导致事故，也承担相应的法律责任。

（4）相关监管部门

相关监管部门有责任对生产经营单位进行安全生产检查，

监督生产经营单位的安全生产工作。如果监管部门发现生产经营单位存在事故隐患而未及时整改，应依法进行处罚。

33. 与安全生产检查相关的法律要求有哪些？

（1）相关法律要求

1）《安全生产法》规定，生产经营单位应当建立健全并落实生产安全事故隐患排查治理制度，采取技术、管理措施，及时发现并消除事故隐患。事故隐患排查治理情况应当如实记录，并通过职工大会或职工代表大会、信息公示栏等方式向从业人员通报。其中，重大事故隐患排查治理情况应当及时向负有安全生产监督管理职责的部门和职工大会或职工代表大会报告。县级以上地方各级人民政府负有安全生产监督管理职责的部门应当将重大事故隐患纳入相关信息系统，建立健全重大事故隐患治理督办制度，督促生产经营单位消除重大事故隐患。生产经营单位的安全生产管理人员应当根据本单位的生产经营特点，对安全生产状况进行经常性检查；对检查中发现的安全问题，应当立即处理；不能处理的，应当及时报告本单位有关负责人，有关负责人应当及时处理。检查及处理情况应当如实记录在案。生产经营单位的安全生产管理人员在检查中发现重大事故隐患，依照上述规定向本单位有关负责人报告，有关负责人不及时处理的，安全生产管理人员可以向主管的负有安全生产监督管理职责的部门报告，接到报告的部门应当依法及时处理。

从业人员发现事故隐患或者其他不安全因素，应当立即向现场安全生产管理人员或者本单位负责人报告；接到报告的人员应当及时予以处理。

生产经营单位未将事故隐患排查治理情况如实记录或者未向从业人员通报的，责令限期改正，处10万元以下的罚款；逾期未改正的，责令停产停业整顿，并处10万元以上20万元以下的罚款，对其直接负责的主管人员和其他直接责任人员处2万元以上5万元以下的罚款。生产经营单位未建立事故隐患排查治理制度，或者重大事故隐患排查治理情况未按照规定报告的，责令限期改正，处10万元以下的罚款；逾期未改正的，责令停产停业整顿，并处10万元以上20万元以下的罚款，对其直接负责的主管人员和其他直接责任人员处2万元以上5万元以下的罚款；构成犯罪的，依照刑法有关规定追究刑事责任。

2）《职业病防治法》规定，用人单位应当实施由专人负责的职业病危害因素日常监测，并确保监测系统处于正常运行状态。用人单位应当按照国务院卫生行政部门的规定，定期对工作场所进行职业病危害因素检测、评价。检测、评价结果存入用人单位职业卫生档案，定期向所在地卫生行政部门报告并向劳动者公布。

发现工作场所职业病危害因素不符合国家职业卫生标准和卫生要求时，用人单位应当立即采取相应治理措施，仍然达不到国家职业卫生标准和卫生要求的，必须停止存在职业病危害因素的作业。职业病危害因素经治理后，符合国家职业卫生标准和卫生要求的，方可重新作业。

劳动者应当学习和掌握相关的职业卫生知识，增强职业病防范意识，遵守职业病防治法律、法规、规章和操作规程，正确使用、维护职业病防护设备和个人使用的职业病防护用品，发现职业病危害事故隐患应当及时报告。劳动者不履行上述规定义务的，用人单位应当对其进行教育。

3）《中华人民共和国劳动法》规定，用人单位的劳动安全设施和劳动卫生条件不符合国家规定或者未向劳动者提供必要的劳动防护用品和劳动保护设施的，由劳动行政部门或者有关部门责令改正，可以处以罚款；情节严重的，提请县级以上人民政府决定责令停产整顿；对事故隐患不采取措施，致使发生重大事故，造成劳动者生命和财产损失的，对责任人员依照刑法有关规定追究刑事责任。

（2）相关法规、文件要求

1）《中共中央　国务院关于推进安全生产领域改革发展的意见》提出了以下要求。

①加强安全风险管控。地方各级政府要建立完善安全风险评估与论证机制，科学合理确定企业选址和基础设施建设、居民生活区空间布局。高危项目审批必须把安全生产作为前置条件，城乡规划布局、设计、建设、管理等各项工作必须以安全为前提，实行重大安全风险“一票否决”。加强新材料、新工艺、新业态安全风险评估和管控。紧密结合供给侧结构性改革，推动高危产业转型升级。位置相邻、行业相近、业态相似的地区和行业要建立完善重大安全风险联防联控机制。构建国家、省、市、县四级重大危险源信息管理体系，对重点行业、重点区域、重点企业实行风险预警控制，有效防范重特大生产安全事故。

②强化企业预防措施。企业要定期开展风险评估和危害辨识。针对高危工艺、设备、物品、场所和岗位，建立分级管控制度，制定落实安全操作规程。树立隐患就是事故的观念，建立健全隐患排查治理制度、重大隐患治理情况向负有安全生产监督管理职责的部门和企业职代会“双报告”制度，实行自查自改自报闭环管理。严格执行安全生产和职业健康“三同时”制度。大力推进企业安全生产标准化建设，实现安全管理、操作行为、设备设施和作业环境的标准化。开展经常性的应急演练和人员避险自救培训，着力提升现场应急处置能力。

③建立隐患治理监督机制。制定生产安全事故隐患分级和排查治理标准。负有安全生产监督管理职责的部门要建立与企

业隐患排查治理系统联网的信息平台，完善线上线下配套监管制度。强化隐患排查治理监督执法，对重大隐患整改不到位的企业依法采取停产停业、停止施工、停止供电和查封扣押等强制措施，按规定给予上限经济处罚，对构成犯罪的要移交司法机关依法追究刑事责任。严格重大隐患挂牌督办制度，对整改和督办不力的纳入政府核查问责范围，实行约谈告诫、公开曝光，情节严重的依法依规追究相关人员责任。

2)《危险化学品安全管理条例》作出了以下规定。

①负有危险化学品安全监督管理职责的部门依法进行监督检查，发现危险化学品事故隐患，责令立即消除或者限期消除。

②对重复使用的危险化学品包装物、容器，使用单位在重复使用前应当进行检查。发现存在安全隐患的，应当维修或者更换。使用单位应当对检查情况作出记录，记录的保存期限不得少于2年。

③对发生交通事故负有全部责任或者主要责任的危险化学品道路运输企业，由公安机关责令消除安全隐患，未消除安全隐患的危险化学品运输车辆，禁止上道路行驶。

3)《安全生产许可证条例》规定，有重大危险源检测、评估、监控措施和应急预案，是企业取得安全生产许可证应当具备的安全生产条件之一。

34. 生产经营单位安全生产检查可以分为哪些类型?

依法建立健全安全管理体系是确保生产经营单位稳定发展及从业人员安全的基础，为了全面评估和有效管理安全生产工作，采取多层次、多方位的安全生产检查尤为重要。安全生产检查的类型主要包括定期安全生产检查、经常性安全生产检查、季节性及节假日前后安全生产检查、专业（项）安全生产检查、综合性安全生产检查以及职工代表不定期安全生产检查等。

（1）定期安全生产检查

定期安全生产检查一般是通过有计划、有组织、有目的的形式来实现的，如年度检查、季度检查、月度检查等，检查周期根据各单位实际情况确定。定期安全生产检查覆盖面广、有深度，能及时发现并解决问题。

（2）经常性安全生产检查

经常性安全生产检查是采取日常巡视的方式来实现的。在施工（生产）过程中进行经常性的安全生产检查，能及时发现并消除事故隐患，保证施工（生产）正常进行。

（3）季节性及节假日前后安全生产检查

季节性安全生产检查由生产经营单位根据季节变化，按事故发生的规律对易发的潜在危险，进行重点检查，如冬季防冻保温、防火、防煤气中毒等检查，夏季防暑降温、防汛、防雷电等检查。

此外，由于节假日（特别是重大节日，如元旦、春节、劳动节、国庆节）前后容易发生事故，因而应进行有针对性的安全生产检查。

（4）专业（项）安全生产检查

专业（项）安全生产检查是对某个专业（项）问题或普遍性安全问题的某一方面进行的单项定性或定量检查，如对危险性较大的在用设备、设施，作业场所环境条件的管理或监督质量进行的定量检测检验等。专业（项）安全生产检查具有较强的针对性和较高的专业要求，用于检查难度较大的项目。

（5）综合性安全生产检查

综合性安全生产检查一般是由上级主管部门组织的全面综合性检查，必要时可组织进行系统的安全性评价。

（6）职工代表不定期安全生产检查

生产经营单位的工会应定期或不定期组织有专业技术特长的职工代表进行安全生产检查。重点检查国家安全生产方针政策、法律法规的贯彻执行情况，检查全员安全生产责任制的落实情况，检查事故隐患整改情况。此类检查可进一步强化全员安全生产责任制的落实，维护职工在安全生产方面的合法权益。

35. 作业场所不同类型的安全生产检查在什么情况下使用?

安全生产检查是确保作业场所安全和预防事故的重要措施。根据不同的需求和目标，作业场所安全生产检查可分为不同类型，每种类型在特定情况下使用。以下是主要的作业场所安全生产检查类型及其适用情况。

（1）日常检查

日常检查是最常规的检查类型，适用于作业场所。这种检查通常由生产经营单位的安全生产管理人员或班组长负责，主要检查从业人员日常操作是否符合安全标准，及时发现并解决一般事故隐患，防止其发展而形成重大事故隐患或发生事故。日常安全检查的重点是识别和解决日常工作中可能出现的事故隐患。

（2）专项检查

当有需要深入调查的特定安全问题时，应对作业场所进行专项检查。例如，对特定的机械设备、工作流程或安全程序进行深入分析。专项安全检查的目的是针对作业场所特定领域的事故隐患进行深入分析和整改，确保特定操作或过程的安全性。

（3）季节性及节假日前后检查

在某些季节性变化（如极端天气）或节假日等周期性事件前后进行。这类检查关注的是季节性变化或周期性事件对作业场所可能带来的安全挑战。

（4）事故后的检查

这类检查旨在确定事故原因，评估影响，并防止类似事件再次发生。

（5）合规性检查

检查生产经营单位遵守相关安全法律法规和标准的情况，通常对工作场所及其设备和作业程序进行全面审查，以确保其符合国家或行业的安全规定。

（6）随机检查

作业场所的随机检查应不定期进行，目的是确保从业人员始终保持高度的安全意识。

生产经营单位应根据自身的具体情况和需求，灵活运用各种类型的安全生产检查，以确保作业场所的安全，有效降低事故发生的风险，保障从业人员的生命安全和身体健康。

36. 安全生产检查的主要内容包括哪些方面？

安全生产检查的内容包括软件系统和硬件系统。软件系统主要是查思想、查意识、查制度、查管理、查隐患、查整改、查事故处理等，硬件系统主要是查生产设备、查辅助设备设施、查安全设施、查作业环境等。

安全生产检查对象的确定应本着突出重点的原则，对于危险性大、易发事故、事故危害大的生产系统、部位、装置、设备等应加强检查。一般应重点检查易造成重大损失的易燃易爆危险物品、剧毒品、锅炉、压力容器、起重机械、运输设备、冶炼设备、电气设备、冲压机械等；本单位易发生工伤、火灾和爆炸等事故的设备、工种、场所及其作业人员；易造成职业中毒或职业病的尘毒作业点及其作业人员；直接管理重大危险源的部门及其负责人。

按照相关法律法规、标准规范的规定，对非矿山企业，应重点检查的项目包括锅炉、压力容器、压力管道、高压氧舱、起重机、电梯、自动扶梯、施工升降机、简易升降机、防爆电气设备、场（厂）内机动车辆、客运索道、游艺机及游乐设施等，以及作业场所的粉尘、噪声、振动、辐射、高温、低温、有毒物质的浓度等。矿山企业应重点检查的项目包括：矿井风量、风质、风速，井下温度、湿度、噪声、瓦斯、粉尘，矿山放射性物质及其他有毒有害物质；露天矿山边坡，尾矿坝，提升、运输、装载、通风、排水、瓦斯抽放、压缩空气设备，各种防爆电气设备及安全保护装置，矿灯、钢丝绳等，瓦斯、粉尘及其他有毒有害物质检测仪器、仪表，自救器，救护设备，安全帽，防尘口罩、面罩，防护服，防护鞋，防噪声耳塞、耳罩。

37. 生产经营单位主要负责人在安全生产检查中的“四查”内容有哪些?

依据法律法规的要求，生产经营单位主要负责人和安全生产分管负责人负有检查本单位安全生产工作的职责，检查时应重点关注“四查”。

（1）查思想

主要查本单位的安全生产管理人员对安全生产和职业卫生工作是否有正确的认识，是否真正关心从业人员的安全、健康，是否认真贯彻执行国家有关安全生产和职业卫生的政策、法规。特别要注意检查对本单位有关安全生产、职业卫生规章制度的贯彻执行情况。

（2）查管理制度

检查是否依法制定了本单位安全生产规章制度和操作规程，各项安全生产规章制度和操作规程的修订情况，以及落实情况。

（3）查现场隐患

检查安全风险分级管控和隐患排查治理双重预防机制的落实情况，及时发现和解决生产现场存在的问题，消除事故隐患。

（4）查整改

检查上报或汇总的安全问题的处理情况，事故隐患的整改落实情况。

38. 生产经营单位主要负责人在检查中如何履行监管职责？

生产经营单位主要负责人在安全生产检查中正确履行监管职责是确保工作场所安全且符合相关法律法规要求的关键。以下是生产经营单位主要负责人在安全生产检查中应当遵循的几个重要步骤。

（1）制定和实施安全生产政策

生产经营单位主要负责人必须组织制定并实施全面的安全生产政策，包括本单位安全生产规章制度和操作规程、本单位生产安全事故应急救援预案、本单位安全生产教育培训计划等。生产经营单位主要负责人应当确保所有的安全措施符合国家法律法规和行业标准。

（2）组织和领导安全生产检查

生产经营单位主要负责人应组织定期的安全生产检查，并亲自参与或指派安全生产分管负责人参与，通过制定完善的安全生产检查流程，提高生产经营单位对安全的重视程度。安全检查应全面，涵盖所有潜在的危险区域和工作流程。

（3）监督和审核

定期监督和审核安全生产政策的执行情况，确保安全措施得到有效执行。对检查中发现的问题，生产经营单位主要负责人应及时纠正，并追踪整改措施的执行情况。

（4）提供资源和支持

生产经营单位主要负责人应确保安全生产检查所需的资源和支持，包括资金、人员和技术等方面。同时，应为从业人员提供相应的安全生产教育培训，提高从业人员的安全意识和技能。

（5）沟通和反馈

与从业人员、安全生产管理人员以及相关方进行有效沟通，确保其能够正确理解安全生产政策并有效执行。鼓励从业人员报告事故隐患，建立开放的沟通环境。

（6）建立责任机制

生产经营单位主要负责人应建立健全本单位全员安全生产责任制，明确全员的安全生产责任。对于违反安全生产规定的行为，应有明确的责任追究机制。

（7）文化建设

生产经营单位主要负责人应致力于安全文化的建设，使安全生产成为所有从业人员的共同价值观和行为准则。主要负责人和安全生产管理人员的态度和行为对于塑造本单位的安全文化至关重要。

39. 安全生产管理人员在安全生产检查中的责任是什么？

安全生产管理人员必须具备与本单位所从事的生产经营活动相应的安全生产知识和管理能力，在安全生产检查中，安全生产管理人员的责任如下。

（1）总体职责

1）组织或者参与拟订本单位安全生产规章制度、操作规程和生产安全事故应急救援预案。

2）组织或者参与本单位安全生产教育培训，如实记录安全生产教育培训情况。

3）组织开展危险源辨识和评估，督促落实本单位重大危险源的安全管理措施。

4）组织或者参与本单位应急救援演练。

5）检查本单位的安全生产状况，及时排查生产安全事故隐患，提出改进安全生产管理的建议。

6）制止和纠正违章指挥、强令冒险作业、违反操作规程的行为。

7）督促落实本单位安全生产整改措施。

（2）具体内容

根据企业生产特点，对生产过程进行定期、季节性、经常性或专业项的安全生产检查，检查内容包括查思想、查制度、查设备、查教育培训、查操作行为、查劳动防护用品的使用、查安全问题的处理等。

1）检查是否已根据本单位生产经营特点，编制了相应的安全生产规章制度，并检查安全生产规章制度是否真正发挥了指导作用。

2）检查作业场所是否按规定设置了安全装置。

3）检查洞、坑、沟、升降口等危险处是否有防护设施和明显标志。

4）检查从业人员是否正确使用劳动防护用品。

5）检查夜间作业场所是否设置足够的照明设备和独立的备用电源。

6）检查安全生产设备设施，如脚手架的搭设和安全网或防护挡板等的设置是否符合规定要求。

7）检查各种机械及电气设备是否保持完好，钢丝绳、离合器、制动器、保险信号装置以及安全防护装置是否良好。

8）检查高处脚手架、起重机起重臂及吊运物等与架空输电线之间是否按规定保持安全距离。

9）检查作业现场的带电设备是否用可靠的绝缘材料封闭或者用屏障、遮栏围护起来。

10）检查特种作业人员是否持证上岗。

40. 安全生产管理人员在检查中如何履行监管职责?

安全生产管理人员在安全生产检查中正确履行监管职责至关重要，他们需要通过一系列的措施和行动来确保工作场所安全且符合相关法律法规的要求。以下是安全生产管理人员在安全生产检查中应遵循的主要步骤。

（1）详细规划和准备检查

安全生产管理人员应事先制订详细的检查计划，包括检查的范围、重点区域、检查项目和时间表，准备必要的检查工具和设备，如安全检查表、测量工具等。

（2）开展全面的现场检查

实地检查工作场所，识别潜在的事故隐患，如不安全的工作条件、设备故障、不符合标准的操作程序等。检查是否遵守了相关安全法律法规的要求，如从业人员是否正确佩戴劳动防护用品、是否遵守操作规程等。

（3）记录和报告发现的问题

将检查过程中发现的所有问题详细记录下来，包括问题的性质、严重程度和可能的后果。定期向本单位有关负责人报告检查结果，提出改进建议。

（4）跟踪和验证整改措施

对于检查中发现的问题，安排适当的整改措施，并设定整改时限。定期跟踪整改进度，确保所有问题得以及时有效地解决。

（5）组织教育培训

定期组织安全教育培训，提高从业人员的安全意识和操作技能。对新入职从业人员进行入职安全教育，确保其了解工作场所的安全注意事项。

（6）促进安全文化的形成

通过持续的沟通、培训，推动安全文化在本单位内部的形成。鼓励从业人员主动报告事故隐患和提出改进建议。

安全生产管理人员在安全生产检查中的监管职责是多方面的，不仅包括识别和解决问题，还包括预防事故、提高从业人员安全意识、促进安全文化的形成等。通过这些措施，能够有效地维护作业场所的安全，保障从业人员的健康和福祉，同时也为生产经营单位的长期成功和可持续发展做出贡献。

41. 车间、班组的安全生产检查重点是什么？

车间、班组是安全生产检查工作的重要实施单元，检查的内容应涵盖生产经营的全过程，具体如下。

（1）车间平面布置

1）检查重要设备的安全装置是否符合要求。

2）检查重要设备是否位于下风位置。

3）检查危险设备是否与控制室、变电室隔开。

4）检查车间内部空间是否按照规定进行布置，如按照物质的危险性，机器的数量、运转条件、安全性等进行合理布局。

5）检查储罐间距是否符合防火规定，是否具有防液堤等。

6）检查生产废弃物的处置是否符合规定，是否会散发出污染物。

（2）建筑标准

1）检查有助于火焰传播和蔓延的部分，如地板和墙壁开口、通风和空调管道，电梯竖井、楼梯等的防火情况。

2）检查有火灾爆炸危险的车间是否采用了防火墙，其层顶材料、防爆排气孔是否实用。

3）检查厂房出入口和紧急通道是否阻塞，有无明显安全标志或警告装置。

4）检查有毒物质和可燃物质排出装置的状况（包括换气风扇、空气调节系统、有毒气体捕集系统、新鲜空气入口位置等）。

5）检查各种建筑物、道路等的照明情况。

（3）车间环境

1）检查车间里是否装设了有毒气体浓度检测装置，有毒气体浓度是否超过最大允许浓度。

2）检查各种管线（蒸气、水、空气管路及电线）及支架等是否阻碍了工作地点的通道。

3）检查原材料的临时堆放场所及产品和半成品的堆放是否良好。

4）检查是否对有火灾爆炸危险的作业采取了隔离措施；隔离墙是否为加强墙壁，窗户尺寸是否符合要求，玻璃是否采用钢化玻璃或内嵌铁丝网，屋顶或必要地点是否预设了爆炸压力排放口。

5）检查设备周围是否有必要的维修空间。

6）检查在容器内部进行清扫和检修时，遇到危险情况检修人员是否能顺利逃出。

7）检查高温装置表面是否进行了防护。

8）检查传动装置是否装设了安全防护罩或采取了其他防护措施。

9）检查通道和工作地点的层高是否符合要求。

10）检查用人力操纵的阀门、开关或手柄是否有相应的安全防护措施。

11）检查电动升降机是否有安全钩和行程限位器，电梯是否装有内部联锁装置。

12）检查有危险性的工作场所是否至少有两个出口。

13）检查噪声大的装置是否有防止噪声扩散的措施。

14）检查是否装有电源切断开关。

（4）场（厂）内运输

1）检查场（厂）内道路是否适于步行，是否适于急救时车辆的快速移动，是否有明显的安全标志并有专人管理。

2）检查场（厂）内机动车辆有无安全装置，有无定期检修和管理制度。

3）检查易燃易爆液体罐车在装卸地点有无接地装置，有无安全操作空间和防止操作人员从罐车上坠落的措施。

（5）生产工艺

1）检查操作人员对原材料理化性质（熔点、沸点、燃点等）及其危险性等级的了解情况，以及是否知晓材料受到冲击或发生异常反应时产生的后果。

2）检查对可燃物的防范措施。

3）检查粉尘爆炸的潜在危险性。

4）检查操作人员是否了解材料的毒性及允许浓度。

5）检查为防止腐蚀及反应生成危险物质所采取的措施。

6）检查生产流程的变更对安全造成的影响。

7）检查原材料在储藏时的安全性（是否会发生自燃、自聚、分解等反应）。

8）检查消防装置及灭火器材是否符合法律法规、标准规范的规定。

9）检查发生火灾时的应急措施。

10）检查对有火灾爆炸危险的操作采取的隔离措施。

11）检查装置内部可能生成的可燃性混合物。

12）检查针对异常温度、异常压力、异常反应、混入杂质、跑冒滴漏的预防控制措施。

13）检查发生异常情况时，有无将反应物质迅速排除的措施。

（6）设备状态

1）检查各种生产管线潜在的危险性。

2）检查如果外部发生火灾设备内部的危险状态。

3）检查有无抑制火灾蔓延和减少损失的必要设施。

4）检查紧急阀门或紧急开关是否易于操作。

5）检查重要装置和压力容器的工作状态。

6）检查是否有防静电措施。

7）检查是否对有爆炸敏感性的生产设备进行了隔离。

8）检查压力容器是否符合国家有关规定并进行了登记。

9）检查压力容器是否进行了外观检查、无损探伤和耐压试验。

10）检查设备的可靠性、可维修性。

11）检查设备本身的安全装置。

12）检查安全控制仪表是否已作为整体设计的一部分。

13）检查仪表、记录装置等显示的数据是否易于辨识。

14）检查是否对仪表的性能进行定期试验和检查。

15）检查使用的电气设备是否符合国家标准。

16）检查是否有防止超负荷和短路的装置。

17）检查如果动力线发生损坏，是否有防止触电的措施。

（7）操作管理

1）检查各种操作规程、岗位作业标准、安全守则等的制定情况，是否定期或在工艺流程、操作方式改变后进行讨论、修改。

2）检查操作人员是否接受过安全培训，检查操作人员对本岗位潜在危险性的了解程度。

3）检查开停车操作规程是否经过安全审查。

4）检查是否有专门针对特殊危险作业的制度。

5）检查操作人员是否接受过紧急事故处理的培训。

6）检查操作人员使用安全设备、劳动防护用品等是否熟练。

7）检查日常进行的维护检修作业的潜在性危险。

8）检查定期安全生产检查和定点检查制度的执行情况。

（8）防火设施

1）检查是否根据建筑物的结构（如开放式或封闭式）和建

筑材料（如可燃材料或非燃烧材料）选用了相应的消防设备。

2）检查消防设备的容量和数量（补给水量、最大容量等）是否够用。

3）检查建筑物内部是否配备了消防设施和器材。

4）检查可燃性液体罐区是否配备了适用的防火设施，防液堤外是否有排液设备。

5）检查需要负重的钢结构是否涂有防腐材料，其厚度及高度是否适当。

6）检查是否有防止粉尘爆炸的措施。

7）检查可燃性液体储罐之间的安全距离是否合适。

8）检查是否有防止外部火灾破坏生产设备的措施。

9）检查贵重器材、特别危险的操作、不能停运的重要生产设备是否位于不燃的建筑物内或采用防火墙、隔墙等加以隔离。

10）检查火灾报警装置是否安置在适当的地点。

11）检查发生火灾时，是否有备用的紧急联络措施。

42. 从业人员在安全生产检查中需要关注的内容有哪些？

从业人员在安全生产检查中首先需要关注的就是自己的安全生产职责。从业人员应自觉地遵守安全生产规章制度，不违章作业，并要及时劝阻他人进行的违章作业，积极参加各项安全生产活动，主动提出改进安全生产工作的意见和建议，爱护并正确使用各类设备设施、工具及劳动防护用品。

从业人员在安全生产检查中还应关注安全操作状态，具体包括以下内容。

（1）检查自己对安全生产的认识是否正确。

（2）检查自己是否有强烈的安全责任心。

（3）检查自己是否熟知操作规程的要求、掌握相应操作技能并自觉遵守各项安全生产制度。

（4）检查自己是否敢于纠正和制止忽视安全的思想和行为。

（5）检查自己是否严格遵守劳动纪律，是否有玩忽职守的情况。

（6）检查自己是否做到安全、文明生产。

（7）检查自己是否坚持正确、合理地使用劳动防护用品等。

43. 对作业场所进行检查的主要内容包括哪些?

在作业场所进行安全生产检查是确保从业人员健康和安全的重要环节。对作业场所的各项安全条件进行细致检查，可以保障工作环境符合国家相关规定，降低事故风险，保障从业人员安全。作业场所安全生产检查的主要内容如下。

（1）作业场所的光线是否充足。

（2）有毒有害气体和粉尘浓度及噪声是否超过国家规定的标准。

（3）作业场所地面是否平整。

（4）生产需要设置的坑、沟和池是否牢固、可靠，是否有围栏或盖板。

（5）机械设备和工作台等的布置是否便于操作人员安全操作。

（6）通道的宽度是否符合国家规定的标准，物品的堆放是否妨碍通行。

（7）是否在高温或粉尘作业场所，以及存在危险化学品的作业场所设置淋浴设备、更衣室等辅助设备和设施。

（8）易燃易爆或有毒有害等危险作业场所，是否设置相应的防护设施、报警装置、通信装置、安全标志，以及在紧急情况下进行抢救和安全疏散的设施。

（9）有易燃易爆及放射性物质的作业场所、仓库，是否符合防火防爆和防辐射有关规定等。

44. 作业场所检查中如何防范常见事故隐患?

作业场所的事故隐患是一项需要高度重视的问题，因为其直接关系从业人员的安全和健康。为了有效防范常见的事故隐患，作业场所应该采取一系列的措施。以下列举一些作业场所常见的事故隐患及相应的防范措施。

（1）对于电气事故隐患，作业场所应该定期进行电气设备的检查和维护。特别是在涉及高压电的生产环境中，一旦电气设备出现故障或者缺陷，将带来严重的事故隐患。因此，定期检查和维护电气设备，确保其良好的运行状态，避免因接触不良、接线松脱、绝缘老化破损而形成漏电、短路等是非常重要的。

（2）在机械制造领域，机械设备和工具的安全使用也非常关键。应该确保所有的机械设备和工具都得到了严格的安全检测，并且从业人员需要接受相关的培训，了解设备的正确使用方法和操作规程，以防止意外事故的发生。此外，定期的设备维护和保养也是至关重要的，以防止因为机械设备失效而带来的意外伤害。

（3）防火是作业场所安全管理中的重点。作业场所应该配备合格的消防设备，如灭火器、自动喷淋系统等，同时维护和保养这些设备以确保其在紧急情况下的可靠性。此外，还需要制订消防演练计划，加强从业人员的消防培训，提高其对火灾危险的认识和应对能力。

（4）危险化学品的安全管理也是作业场所事故隐患防范的重要组成部分。应对使用的危险化学品进行全面的风险评估，确保从业人员了解相关的危险性，并采取适当的个人防护措施。同时，对于危险化学品的储存、运输、使用也应符合相关的安全规定，以避免因危险化学品泄漏或者误操作而引发事故。

（5）高处作业的安全管理也是作业场所事故隐患防范的重要环节。进行高处作业时，应该采取相关的安全防护措施，如设置密目式安全立网等防护设施，以避免坠落事故的发生。同时，定期检查和维护这些安全设施，确保其完好有效，也是至关重要的。

45. 如何对设备设施的完好情况进行检查?

对设备设施的完好情况进行检查，是确保生产过程中设备设施的安全性和稳定性，避免潜在的事故隐患的关键举措。检查的主要内容包括以下 4 点。

（1）检查设备设施的安全运行和维修状况

全面了解设备设施的使用周期、保养维护记录，确保设备设施处于良好的运行状态，防止因故障导致发生事故。

（2）检查机电设备的防护装置是否完好齐全

如是否具备安全防护罩、安全栏杆、安全限位开关等装置，确保操作人员在工作时能得到有效的保护，避免意外伤害。

（3）检查压力容器的安全装置是否安全可靠

检查安全阀、压力表、温度传感器等，确保其可靠性和准确性，防止设备运行时发生意外起火、爆炸等情况。

（4）检查针对有毒有害气体、粉尘的防护措施是否有效

确保通风设备、防毒面具、防护眼镜等安全防护设施和劳动防护用品齐全，并进行定期检查和维护，有效防范有毒有害气体和粉尘对操作人员的危害。

46. 如何确保设备设施及时维护与修复？

确保设备设施的及时维护与修复是生产经营单位组织管理中至关重要的一环。为了确保设备设施能够持续高效地运行，需要建立系统化的管理机制和有效的维护措施。

（1）制订全面的维护计划

维护计划应该包括设备设施的日常检查、定期维护和预防性维修计划。日常检查和定期维护可以帮助发现潜在问题，并及时进行处理，避免问题进一步恶化。预防性维修计划则可以通过针对性的维护措施，延长设备的寿命和减少设备故障率。

（2）配备专业的维护人员

维护人员应接受相关培训，掌握设备设施的维护技能和知识。他们还需要了解安全操作规程，以确保在维护和修复过程中不会对设备或自身造成损坏或伤害。此外，对于复杂的设备设施，可以考虑引入第三方维护服务，以确保高水平的维护和修复工作。

（3）建立有效的反馈机制

应该鼓励设备设施的操作人员积极报告工作过程中遇到的问题，包括任何潜在的事故隐患。例如，通过建立线上报修系统，让操作人员方便地汇报问题，并确保问题得到及时处理，这样既可以增加操作人员的满意度，又可以提高设备设施的可靠性。

（4）装设智能监控系统

智能监控系统的引入可以在一定程度上提高设备设施的运行效率。智能监控系统可以实时监测设备设施的运行状况，通过数据分析和性能预测系统预测设备设施的维护需求，及时发现问题，并通过异常报警系统提醒维护人员注意可能存在的问题，使得维护工作更有针对性且更加高效。

（5）与第三方合作

对于关键设备设施，可以与专业维修服务提供商建立合作关系。这些第三方可以提供专业的维修支持，并且能够在设备设施故障时迅速响应和提供专业的维修服务。这种合作关系可以帮助生产经营单位提高设备设施的可靠性和稳定性，确保设备设施及时得到修复，并恢复正常运行。

47. 如何对整改措施落实情况进行检查？

《安全生产法》规定，生产经营单位的安全生产管理机构以及安全生产管理人员应当督促落实本单位安全生产整改措施。因此，对整改措施落实情况进行全面检查是确保生产过程中各项安全问题得到有效解决的重要环节。检查的主要内容包括以下 7 个方面。

（1）整改项目要有专人负责，由负责人以书面或口头形式向有关人员讲清内容、方法、进度和标准要求以及整改计划。

（2）整改项目有关人员的安排和责任。

（3）实施前工具材料、防护用品的准备情况是否符合安全要求。

（4）整改措施是不是在集中群众意见的基础上归纳出的最佳方案，参与人员是否都完全明白。

（5）有无整改项目的专项应急预案，以及预案是否可行。

（6）整改项目现场有无安全标志和监护人员。

（7）整改完成后的验收等。

48. 什么是工作场所职业卫生检查?

工作场所职业卫生检查包括用人单位对本单位职业卫生管理工作的检查和卫生健康主管部门对用人单位职业卫生的监督检查。

根据《工作场所职业卫生管理规定》，用人单位是职业病防治的责任主体，并对本单位产生的职业病危害承担责任。用人单位的主要负责人对本单位的职业病防治工作全面负责。国家卫生健康委员会依照《职业病防治法》和国务院规定的职责，负责全国用人单位职业卫生的监督管理工作。县级以上地方卫生健康主管部门依照《职业病防治法》和本级人民政府规定的职责，负责本行政区域内用人单位职业卫生的监督管理工作。

（1）职业卫生管理制度和操作规程

存在职业病危害的用人单位应当制定职业病危害防治计划和实施方案，建立、健全下列职业卫生管理制度和操作规程：

1）职业病危害防治责任制度。

2）职业病危害警示与告知制度。

3）职业病危害项目申报制度。

4）职业病防治宣传教育培训制度。

5）职业病防护设施维护检修制度。

6）职业病防护用品管理制度。

7）职业病危害监测及评价管理制度。

8）建设项目职业病防护设施“三同时”管理制度。

9）劳动者职业健康监护及其档案管理制度。

10）职业病危害事故处置与报告制度。

11）职业病危害应急救援与管理制度。

12）岗位职业卫生操作规程。

13）法律、法规、规章规定的其他职业病防治制度。

（2）职业卫生档案资料

用人单位应当建立健全下列职业卫生档案资料：

1）职业病防治责任制文件。

2）职业卫生管理规章制度、操作规程。

3）工作场所职业病危害因素种类清单、岗位分布以及作业人员接触情况等资料。

4）职业病防护设施、应急救援设施基本信息，以及其配置、使用、维护、检修与更换等记录。

5）工作场所职业病危害因素检测、评价报告与记录。

6）职业病防护用品配备、发放、维护与更换等记录。

7）主要负责人、职业卫生管理人员和职业病危害严重工作岗位的劳动者等相关人员职业卫生培训资料。

8）职业病危害事故报告与应急处置记录。

9）劳动者职业健康检查结果汇总资料，存在职业禁忌证、职业健康损害或者职业病的劳动者处理和安置情况记录。

10）建设项目职业病防护设施“三同时”有关资料。

11）职业病危害项目申报等有关回执或者批复文件。

12）其他有关职业卫生管理的资料或者文件。

（3）监督检查

卫生健康主管部门应当依法对用人单位执行有关职业病防治的法律、法规、规章和国家职业卫生标准的情况进行监督检查，重点监督检查下列内容：

1）设置或者指定职业卫生管理机构或者组织，配备专职或者兼职的职业卫生管理人员情况。

2）职业卫生管理制度和操作规程的建立、落实及公布情况。

3）主要负责人、职业卫生管理人员和职业病危害严重的工作岗位的劳动者职业卫生培训情况。

4）建设项目职业病防护设施“三同时”制度落实情况。

5）工作场所职业病危害项目申报情况。

6）工作场所职业病危害因素监测、检测、评价及结果报告和公布情况。

7）职业病防护设施、应急救援设施的配置、维护、保养情况，以及职业病防护用品的发放、管理及劳动者佩戴使用情况。

8）职业病危害因素及危害后果警示、告知情况。

9）劳动者职业健康监护、放射工作人员个人剂量监测情况。

10）职业病危害事故报告情况。

11）提供劳动者健康损害与职业史、职业病危害接触关系等相关资料的情况。

12）依法应当监督检查的其他情况。

49. 工作场所职业卫生检查的重要性是什么？

工作场所职业卫生检查的重要性不言而喻，因为其直接关系劳动者的健康和安全。工作场所职业卫生检查是指对工作环境中的职业病危害因素、职业病危害现状和职业病防护设备设施进行全面的评估和分析，以便采取预防和控制措施，保障劳动者的健康和安全。职业卫生检查的重要性如下。

（1）工作场所职业卫生检查可以帮助识别和评估潜在的职业病危害因素

在许多生产和加工行业，劳动者可能暴露在危险化学品、粉尘、噪声、振动等有害因素中。通过职业卫生检查，可以确定这些有害因素的种类、浓度、危害成分，以及劳动者的暴露程度，从而确保对相关风险有全面了解，并制定相应的控制措施。

（2）职业卫生检查有助于确保工作环境符合相关法规和标准

许多国家和地区都颁布了与职业卫生相关的法律法规和标准，要求用人单位必须保证劳动者在符合职业卫生标准和卫生要求的安全、健康的工作环境中工作。职业卫生检查可以帮助用人单位了解其是否符合这些法律法规和标准，并采取相应的措施进行改善。

（3）工作场所职业卫生检查有助于改善劳动者的工作环境和生产效率

通过减少或消除有害因素，改善工作环境，可以显著提高劳动者的工作舒适度和工作满意度，从而提高工作效率和生产质量。

（4）职业卫生检查对于减少工伤和职业病的发生至关重要

有害的工作环境可能导致工伤和职业病的发生，对劳动者和用人单位都会造成极大的困扰。通过职业卫生检查，可以及时发现职业病危害因素并采取控制措施，从而减少工伤和职业病的发生，保障劳动者的身体健康。此外，减少职业病和工伤的发生率可以降低用人单位的人力成本并避免生产停滞。

（5）职业卫生检查有助于提升用人单位的形象

对劳动者和外部利益相关者来说，用人单位重视职业卫生问题并采取积极的行动，将提高自身形象，增强劳动者对用人单位的信任感，同时也有助于吸引和留住优秀的人才。

（6）职业卫生检查是用人单位社会责任的一部分

确保劳动者的健康和安全，是用人单位应尽的社会责任，同时也为构建和谐的劳动关系打下了基础。

50. 工作场所职业卫生监督检查的准备工作有哪些?

工作场所职业卫生监督检查是职业卫生检查部门对用人单位工作场所的职业卫生状况进行检查的活动，以识别可能危及相关人员的职业病危害因素。其任务来源主要包括检查工作例行安排和投诉两方面，一般根据检查任务来源设置检查的频率。

在工作场所职业卫生监督检查活动实施前，需要进行的准备工作包括信息准备、文件准备、人员准备、装备准备。

（1）信息准备

信息准备主要包括熟悉用人单位情况、查阅相关法律法规和标准等工作。其中，用人单位情况主要包括产业类型、生产规模、生产工艺、原辅料使用、职业病危害因素、防治设施、备案信息等。

（2）文件准备

文件准备主要包括确定重点检查内容、文书准备和证件准备。

1）确定重点检查内容。根据用人单位的职业卫生常见问题、以往的检查记录和本次检查的目的来确定重点检查内容。

2）文书准备。根据本次检查需要，集齐将可能需要填写的空白文书和已经填写完成的文书。这些文件主要包括企业须知、现场检查记录、询问笔录、勘验笔录、抽样取证凭证、用人单位以往的检查记录等。

3）证件准备。应根据法律法规的要求集齐检查需要携带并出示的相关证明类文件。这些证明一般包括检查批准文件、执法证件等。

（3）人员准备

人员准备是指形成能够胜任本次检查行动的检查组，主要包括成立检查组并配备相关专家的相关准备工作。

1）成立检查组。一般来说，检查组是由 2 人以上构成的检查队伍。有下列情形之一的，检查人员应当回避：检查人员是用人单位负责人的近亲属的；检查人员或其近亲属与用人单位有利害关系的；可能影响本次检查公正性的其他情形。

2）专家准备。在涉及专门工作场所或复杂的危害，如果检查人员确定在专家协助下进行检查是必要的，可以请其他部门的技术专家协助进行检查。

（4）装备准备

装备准备是指集齐本次检查需要的技术和工作手段，主要包括检测工具、劳动防护用品和记录工具等装备的准备。

在监督检查开始之前，检查人员要确保已经携带所有需使用的检测设备到工作场所，确保其符合计量标准的要求，并确认其已校准可正常工作。在检查开始之前，检查人员应确保携带所有必要的劳动防护用品到工作场所，并确保其能正常使用。检查人员应当接受培训，确保掌握需要佩戴的个劳动防护用品的正确使用方法。常用劳动防护用品包括安全帽、安全眼镜或护目镜、空气呼吸器、防尘或防毒口罩、耳塞、安全手套、安全鞋、阻燃或防辐射工作服等。

在检查开始之前，检查人员要确保已经携带记录检查情况的相关工具，并确保其状态良好。这些工具主要包括图像记录设备、声音记录设备等。

51. 工作场所职业卫生监督检查的步骤是什么?

（1）制订检查计划

制订检查计划是指根据检查的目的、对象、内容、时间、方式、地点以及检查人员等形成书面报告，并视检查性质决定存档和报批事宜。当检查为例行性质时，为简化程序，常采用存档方式；当检查为非常规检查性质时，为严谨程序，常采用报批方式。在一般情况下，检查都应在用人单位正常工作时间内进行。检查人员应当采取相应措施，保证检查信息不被泄露。在开始检查之前，检查人员应该确认所要检查的场所正在进行正常的商业活动，确认其没有得到提前通知。如果查明用人单位通过某种途径获知检查消息，应终止本次检查。

（2）确定检查人员

为保证检查工作的合法性，保障相关方的权利，参与现场检查活动的人员包括检查组人员、陪同人员和现场人员，检查组人员履行检查职责，陪同人员履行解释和监督职责。检查组人员包括检查人员、用人单位代表、用人单位职工代表或工会代表。

当用人单位代表不在工作场所时，应该由其指定的现场代表临时代替，并负责答复检查人员关于工作场所职业卫生的询问。

（3）确定检查内容

当检查人员认为有必要调整预先制订的检查计划时，应该在下述范围内确定检查内容：

1）设置或者指定职业卫生管理机构或者组织，配备专职或者兼职的职业卫生管理人员情况；职业卫生管理制度和操作规程的建立、落实及公布情况。

2）主要负责人、职业卫生管理人员和职业病危害严重的工作岗位的劳动者职业卫生培训情况；建设项目职业卫生“三同时”制度落实情况。

3）工作场所职业病危害项目申报情况。

4）工作场所职业病危害因素监测、检测、评价及结果报告和公布情况；职业病防护设施、应急救援设施的配置、维护、保养情况，以及职业病防护用品的发放、管理及劳动者佩戴使用情况。

5）职业病危害因素及危害后果警示、告知情况。

6）劳动者职业健康监护、放射工作人员个人剂量监测情况。

7）职业病危害事故报告情况。

8）提供劳动者健康损害与职业史、职业病危害接触关系等相关资料的情况。

9）依法应当监督检查的其他情况。

（4）检查活动的实施

应按照规定的检查内容对工作场所职业卫生状况通过询问、查看、检测等方式进行评定的相关工作。检查活动的实施一般包括如下过程：

1）听取汇报。通过听取该现场负责人的口头解说来获得基本检查信息。

2）凭证核实。通过查验相关记录、档案等文件来进一步获得所需检查信息。

3）现场检测。借助检测仪器设备对现场的职业病危害因素进行定量测量，获取准确检查信息。

4）口头交流。通过现场询问补充检查所需的信息资料。

5）提取证据。通过复制用人单位有关职业病危害防治的文件、资料，采集有关样品来获得物证。

（5）形成检查记录

检查活动结束后，检查组要完成检查笔录的制作，并向用人单位现场人员呈现笔录和其他记录，同时听取用人单位陈述或申辩。

职业卫生检查记录是根据相关国家法律法规和有关职业卫生技术标准，对用人单位职业卫生状况进行检查、监督、监察时所形成的记载。

52. 职业病危害因素检测的目的和内容是什么？

职业病危害因素检测是职业病防治工作中的一项重要内容。职业病危害因素检测是指用人单位委托具备相应资质的职业卫生技术服务机构，依照《职业病防治法》和国家职业卫生标准的要求对产生职业病危害的工作场所进行的检测，其目的在于通过对工作场所劳动者接触的职业病危害因素进行采样、测定、测量和分析计算，掌握工作场所中职业病危害因素的性质、浓度或强度及时空分布情况，评价工作环境和条件是否符合职业卫生标准的要求，为制定职业病防护对策和措施、改善不良劳动条件、预防控制职业病、保障劳动者健康提供基础数据和科学依据。

职业病危害因素检测主要包括作业环境中的物理因素检测、化学有害因素检测，以及作业环境空气中有害物质的监测等。

知识学习

职业病危害因素检测可参考的标准有《工作场所有害因素职业接触限值　第1部分：化学有害因素》（GBZ 2.1—2019）、《工作场所有害因素职业接触限值　第2部分：物理因素》（GBZ 2.2—2007）、《工作场所空气中有害物质监测的采样规范》（GBZ 159—2004）等。

53. 职业病危害因素检测的周期有何规定?

根据《职业病防治法》以及《用人单位职业病危害因素定期检测管理规范》等相关规定，职业病危害因素定期检测的范围应当包含用人单位产生职业病危害的全部工作场所，用人单位不得要求职业卫生技术服务机构仅对部分职业病危害因素或部分工作场所进行指定检测。

《用人单位职业病危害因素定期检测管理规范》第四条规定，用人单位应当建立职业病危害因素定期检测制度，每年至少委托具备资质的职业卫生技术服务机构对其存在职业病危害因素的工作场所进行一次全面检测。法律法规另有规定的，按其规定执行。

第十四条规定，用人单位应当要求职业卫生技术服务机构及时提供定期检测报告，定期检测报告经用人单位主要负责人审阅签字后归档。在收到定期检测报告后 1 个月之内，用人单位应当将定期检测结果向有关部门报告。

第十五条规定，定期检测结果中职业病危害因素浓度或强度超过职业接触限值的，职业卫生技术服务机构应提出相应整改建议。用人单位应结合本单位的实际情况，制定切实有效的整改方案，立即进行整改。整改落实情况应有明确的记录并存入职业卫生档案备查。

第十六条规定，用人单位应当及时在工作场所公告栏向劳动者公布定期检测结果和相应的防护措施。

54. 工作场所空气中有害物质监测的类型有哪些?

根据《工作场所空气中有害物质监测的采样规范》（GBZ 159—2004）的相关规定，工作场所空气中有害物质监测的类型主要包括以下 4 种。

（1）评价监测

适用于建设项目职业病危害因素预评价、建设项目职业病危害因素控制效果评价和职业病危害因素现状评价等。

在评价职业接触限值为时间加权平均容许浓度时，应选定有代表性的采样点，连续采样 3 个工作日，其中应包括空气中有害物质浓度最高的工作日。

在评价职业接触限值为短时间接触容许浓度或最高容许浓度时，应选定有代表性的采样点，在 1 个工作日内空气中有害物质浓度最高的时段进行采样，连续采样 3 个工作日。

（2）日常监测

适用于对工作场所空气中有害物质浓度进行的日常的定期监测。

在评价职业接触限值为时间加权平均容许浓度时，应选定有代表性的采样点，在空气中有害物质浓度最高的工作日采样 1 个工作班。

在评价职业接触限值为短时间接触容许浓度或最高容许浓度时，应选定有代表性的采样点，在 1 个工作班内空气中有害物质浓度最高的时段进行采样。

（3）监督监测

适用于职业卫生监督部门对用人单位进行监督时，对工作场所空气中有害物质浓度进行的监测。

在评价职业接触限值为时间加权平均容许浓度时，应选定有代表性的工作日和采样点进行采样。

在评价职业接触限值为短时间接触容许浓度或最高容许浓度时，应选定有代表性的采样点，在 1 个工作班内空气中有害物质浓度最高的时段进行采样。

（4）事故性监测

适用于对工作场所发生职业危害事故时进行的紧急采样监测。

根据现场情况确定采样点。监测至空气中有害物质浓度低于短时间接触容许浓度或最高容许浓度为止。

55. 在作业环境职业病危害因素检测中如何采样?

根据《用人单位职业病危害因素定期检测管理规范》第十二条的相关规定，职业病危害因素采样检测应符合以下要求：

（1）采用定点采样时，选择空气中有害物质浓度最高、劳动者接触时间最长的工作地点采样；采用个体采样时，选择接触有害物质浓度最高和接触时间最长的劳动者采样。

（2）空气中有害物质浓度随季节发生变化的工作场所，选择空气中有害物质浓度最高的时节为重点采样时段；同时风速、风向、温度、湿度等气象条件应满足采样要求。

（3）在工作周内，应当将有害物质浓度最高的工作日选择为重点采样日；在工作日内，应当将有害物质浓度最高的时段选择为重点采样时段。

（4）高温测量时，对于常年从事接触高温作业的，测量夏季最热月份湿球黑球温度；不定期接触高温作业的，测量工期内最热月份湿球黑球温度；从事室外作业的，测量夏季最热月份晴天有太阳辐射时湿球黑球温度。

56. 定点采样和个体采样分别包括哪些内容？

（1）定点采样

1）采样点的选择原则。①选择有代表性的工作地点，其中应包括空气中有害物质浓度最高、劳动者接触时间最长的工作地点。②在不影响劳动者工作的情况下，采样点尽可能靠近劳动者；空气收集器应尽量接近劳动者工作时的呼吸带。③在评价工作场所防护设备或措施的防护效果时，应根据设备的情况选定采样点，在工作地点劳动者工作时的呼吸带进行采样。④采样点应设在工作地点的下风向，应远离排气口和可能产生涡流的地点。

2）采样点数目的确定。①工作场所按产品的生产工艺流程，凡逸散或存在有害物质的工作地点，至少应设置1个采样点。②一个有代表性的工作场所内有多台同类生产设备时，1～3台设置1个采样点；4～10台设置2个采样点；10台以上，至少设置3个采样点。③一个有代表性的工作场所内，有2台以上不同类型的生产设备逸散同一种有害物质时，采样点应设置在逸散有害物质浓度大的设备附近的工作地点；逸散不同种有害物质时，将采样点设置在逸散待测有害物质设备的工作地点。④劳动者在多个工作地点工作时，在每个工作地点设置1个采样点。⑤劳动者工作是流动的时，在流动的范围内，一般每10米设置1个采样点。⑥仪表控制室和劳动者休息室，至少设置 1 个采样点。

3）采样时段的选择。①采样必须在正常工作状态和环境下进行，避免人为因素的影响。②空气中有害物质浓度随季节发生变化的工作场所，应将空气中有害物质浓度最高的季节选择为重点采样季节。③在工作周内，应将空气中有害物质浓度最高的工作日选择为重点采样日。④在工作日内，应将空气中有害物质浓度最高的时段选择为重点采样时段。

（2）个体采样

1）采样对象的选定。①要在现场调查的基础上，根据检测的目的和要求，选择采样对象。②在工作过程中，凡接触和可能接触有害物质的劳动者都列为采样对象范围。③采样对象中必须包括不同工作岗位的、接触有害物质浓度最高和接触时间最长的劳动者，其余的采样对象应随机选择。

2）采样对象数量的确定。在采样对象范围内，能够确定接触有害物质浓度最高和接触时间最长的劳动者时，每种工作岗位按表 2–1 选定采样对象的数量，其中应包括接触有害物质浓度最高和接触时间最长的劳动者。

表 2–1 确定接触浓度和时长的采样对象数量

劳动者数	采样对象数
<3	全部
3 ~ 5	2
6 ~ 10	3
>10	4

在采样对象范围内，不能确定接触有害物质浓度最高和接触时间最长的劳动者时，每种工作岗位按表 2–2 选定采样对象的数量。

表 2-2 不能确定接触浓度和时长的采样对象数量

劳动者数	采样对象数
<6	全部
6	5
7 ~ 9	6
10 ~ 14	7
15 ~ 26	8
27 ~ 50	9
>50	11

57. 安全生产检查的工作程序是什么?

安全生产检查的工作程序一般包括以下几个步骤:

(1)检查的准备

1)确定检查对象、目的、任务。

2)查阅、掌握有关法律、法规、标准、规程的要求。

3)了解检查对象的工艺流程、生产情况、可能出现危险和有害因素的情况。

4)制订检查计划,安排检查内容、方法、步骤。

5)编写安全检查表或检查提纲。

6)准备必要的检测工具、仪器、书写表格或记录本。

7)挑选和培训检查人员并进行必要的分工等。

(2)检查的实施

检查主要通过访谈、查阅文件和记录、现场检查、仪器测量等方式实施。

1)访谈。通过与有关人员谈话来了解相关部门、岗位执行规章制度的情况。

2）查阅文件和记录。检查设计文件、操作规程、安全措施、责任制度等是否齐全有效，查阅相应记录，判断上述文件是否被执行。

3）现场观察。到作业现场寻找不安全因素、事故隐患、事故征兆等。

4）仪器测量。利用一定的检测检验仪器设备，对在用的设施、设备、器材状况及作业环境条件等进行测量，以发现隐患。

（3）通过分析作出判断

掌握情况（获得信息）之后，就要进行分析、判断和检验。可凭经验、技能进行分析、判断，必要时可以通过仪器检验得出正确结论。

（4）及时作出决定并进行处理

作出判断后，应针对存在的问题作出采取措施的决定，即下达隐患整改意见和要求，包括要求进行信息的反馈。

（5）实现安全生产检查工作闭环

现场安全生产检查不能只是“查”，更重要的是“查”后的工作能否做好，确保现场安全生产检查工作形成真正的“闭环”，否则所有的现场安全生产检查都是“形式主义”。安全生产检查工作是确保安全生产的重要环节，而实现安全生产检查工作的闭环则是提高工作效率和确保安全生产的必要手段。通过反复落实整改情况，获得整改效果的信息，进一步优化安全生产检查工作，提高安全生产水平。

58. 安全生产检查的方法有哪些？

安全生产检查的方法根据适用条件的不同可分为多种，以下介绍 3 种常用安全生产检查方法。

（1）常规检查法

常规检查法是较常见的安全生产检查方法。通常是由安全生产管理人员作为检查工作的主体，到作业场所的现场，通过感观或借助一定的简单工具、仪表等，对作业人员的行为、作业场所的环境条件、生产设备设施等进行的定性检查。安全生产管理人员通过常规检查，可以及时发现现场存在的事故隐患并采取措施予以消除，纠正作业人员的不安全行为。

常规检查完全依靠安全生产管理人员的经验和能力，检查的结果直接受安全生产管理人员个人素质的影响。因此，常规检查对安全生产管理人员的要求较高。

（2）安全检查表法

为使检查工作更加规范，将个人行为对检查结果的影响降到最低，常采用安全检查表法。

安全检查表法的核心是，以找出系统中的不安全因素为目的，事先将系统加以剖析，列出各层次的不安全因素，确定检查项目，并把检查项目按系统的组成顺序编制成表，以便进行检查或评审。安全检查表是进行安全生产检查，发现和查明各种危险和隐患，监督各项安全规章制度的落实，制止违章行为的有力工具。

安全检查表应列举需查明的所有可能会导致事故的不安全因素。每个检查表均需注明检查时间、检查者、直接负责人等，以便分清责任。安全检查表的设计应做到系统、全面，安全检查表编制的主要依据如下：

1）有关标准、规程、规范及规定。

2）国内外事故案例及本单位在安全管理及生产中的有关经验。

3）通过系统分析，确定的危险部位及防范措施。

4）新知识、新成果、新方法、新技术、新法规和新标准。

我国许多行业（如建筑、火电、机械、煤炭等行业）都编制并实施了适合行业特点的安全生产检查标准，生产经营单位在实施安全生产检查工作时，可以依据行业颁布的安全生产检查标准，也可以结合本单位实际情况制定更具可操作性的检查表。

（3）仪器检查法

机器、设备内部的缺陷及作业环境条件的真实信息或定量数据，只能通过仪器来进行定量的检验与测量，进而发现事故隐患，为后续整改提供信息。因此，必要时需要实施仪器检查法。此外，由于被检查的对象不同，检查所用的仪器和手段也不同。

59. 安全检查表的作用是什么？

安全检查表可以将被评价系统剖析，分成若干个单元或层次，列出各单元或各层次的危险因素，然后确定检查项目，把检查项目按单元或层次的组成顺序编制成表格，以提问或现场观察的方式确定各检查项目的状况并填写到表格对应的项目上，从而对系统的安全状态进行评价。

安全检查表法是将一系列项目列出检查表进行分析，以确定系统、场所的状态是否符合安全要求，通过检查发现系统中存在的事故隐患，提出改进措施的一种方法。检查项目可以包括场地、周边环境、设施、设备、操作、管理等方面。

安全检查表在安全管理工作中发挥着巨大的作用，具体有以下几个方面：

（1）安全检查表可以用于对系统进行安全检查和评价。

（2）安全检查表可以对从业人员进行安全教育和提示。

（3）安全检查表可以用于事故分析和调查。

（4）安全检查表可以为系统设计人员提供清晰明确的安全要求。

（5）安全检查表可以为系统运行提供安全操作指南。

（6）安全检查表可以为工程设计和验收提供可靠的依据。

60. 安全检查表的基本内容有哪些？

安全检查表的内容既要系统全面，又要简单明了，切实可行。一般来说，安全检查表的基本内容涉及人、机、环境、管理4个方面，并且通常包括以下几个方面的基本内容。

（1）总体要求

建厂条件、工厂设置、平面布置、建筑标准、交通、道路等。

（2）生产工艺

原材料、燃料、生产过程、工艺流程、物料输送及储存等。

（3）机械设备

机械设备的安全状态、可靠性、防护装置、保安设备、控制仪表等。

（4）操作管理

管理体制、规章制度、安全教育培训、人的行为等。

（5）人机工程

工作环境、职业卫生、人机配合等。

（6）防灾措施

急救、消防、安全出口、事故处理计划等。

相关链接

安全检查表有各种形式，不论何种形式的安全检查表，总体的要求是：内容必须全面，以避免遗漏主要的潜在危险；重点突出、简明扼要，否则检查要点太多，容易掩盖主要危险，分散人们的注意力，反而使评价不确切。为此，重要的检查条款可作出标记，以便认真查对。

61. 使用安全检查表法进行安全生产检查有哪些优点?

安全检查表是安全生产检查中十分有效的工具，是为检查系统的安全状况而事先制定的问题清单。为了使安全检查表既能全面查出不安全因素又便于操作，根据安全生产检查的需要、目的、被检查的对象，可编制多种类型的相对通用的安全检查表，如项目工程设计审查用的安全检查表，项目工程竣工验收用的安全检查表，生产经营单位综合安全管理状况的安全检查表，主要危险设备设施的安全检查表，以及不同专业类型的安全检查表，面向车间、工段、岗位不同层次的安全检查表等。制定安全检查表的人员应当熟悉该系统或该专业的安全技术法规。安全检查表的优点如下。

（1）能够事先编制，可以做到系统化、科学化，不漏掉任何可能导致事故的不安全因素，为事故树的绘制和分析做好准备。

（2）可以检查现有的法律、法规、标准、规范等的执行情况，得到准确的结论。

（3）通过编制安全检查表，将实践经验汇总形成理论，将感性认识转化为理性认识，再用理论指导实践，这样有助于充分认识各种影响事故发生的因素。

（4）将事件按重要程度顺序排列，有问有答，通俗易懂，能使从业人员清楚地知道哪些事件重要、哪些事件次要，促进其正确操作，起到安全教育的作用。

（5）安全检查表不仅可起到指导和备忘录的作用，而且会使安全检查工作更为系统、全面和准确。

（6）分析的弹性很大，既可用于简单的快速分析，也可用于深层次的分析。

（7）可以与安全生产责任制相结合，根据检查对象的不同使用不同的安全检查表，易于分清责任，还可以提出改进方案。

（8）简单易学，容易掌握，符合我国现阶段的实际情况，为安全预测和决策提供坚实的基础。

知识学习

安全检查表同样具有一些缺陷：

（1）只能做定性的评价，不能给出定量的评价结果。

（2）只能对已经存在的对象进行评价，如果要对处于规划或设计阶段的对象进行评价，必须从已经存在的对象中找到相似或类似的进行评价。

62. 安全检查表有哪些分类？

安全检查表的分类方法很多，通常按基本类型、使用场合进行分类。

（1）按基本类型分类

安全检查表按基本类型可分为 3 种，即定性检查表、半定量检查表和否决型检查表。定性检查表是列出检查要点后逐项检查，检查结果以“是”或“否”表示，检查结果不能量化。半定量检查表是给每个检查要点赋予分值，检查结果以总分表示，有了量的概念，不同的检查对象之间也可以相互比较。但缺点是检查要点的准确赋值比较困难，而且个别十分突出的危险不能充分地体现。否决型检查表是给一些特别重要的检查要点做出标记，如果这些检查要点不符合要求，检查结果视为不合格，即具有一票否决的作用，这样可以做到重点突出。

（2）按使用场合分类

安全检查表按其使用场合大致可分为以下 3 种。

1）设计用安全检查表。主要供设计人员进行安全设计时使用，也可作为审查设计的依据。其主要内容包括厂址选择，平面布置，工艺流程的安全性，建筑物、安全装置的安全性，危险物品的性质，消防设施等。

2）厂级安全检查表。供全厂安全生产检查时使用，也可供安全生产管理、消防管理部门进行日常巡回检查时使用。其内容主要包括厂区内各种产品的工艺和装置的危险部位、主要安全装置与设施的使用情况，危险物品的储存与使用，消防通道与设施，操作管理以及遵章守纪情况等。

3）车间用安全检查表。供车间进行定期安全生产检查时使用。其内容主要包括人员安全、设备布置、通道、通风、照明、噪声、振动、安全标志、消防设施及操作管理等。

63. 安全检查表的编制依据和步骤是什么?

（1）安全检查表的编制依据

安全检查表的编制依据主要有以下4个方面。

1）有关规程、规定和标准。如编制采煤工艺过程和碎煤机的安全检查表，应以《煤矿安全规程》等相关规定作为依据，对检查涉及的工艺指标应规定出安全的临界值，超过临界值的应报告并进行处理，以使检查表的内容符合法规的要求。

2）本单位的经验。由本单位工程技术人员、生产管理人员、操作人员和安全技术人员共同总结生产操作的经验，分析导致事故发生的各种潜在的危险因素和外界环境条件。

3）国内外事故案例。认真收集以往的事故教训以及在生产、研制和使用中出现的问题，包括国内外同行业、同类事故的案例和资料。

4）系统安全分析的结果。根据其他系统安全分析方法（如事故树分析、事件树分析、故障类型及影响分析和预先危险性分析等）的分析结果，将导致事故发生的基本事件作为防止灾害的控制点列入检查表。

（2）安全检查表的编制步骤

安全检查表的编制人员可由熟悉系统安全分析的本行业专

家（包括生产技术人员）、管理人员以及有经验的一线从业人员组成。主要编制步骤如下：

1）确定检查对象与目的。

2）剖切系统。根据检查对象与目的，把系统剖切成子系统、部件或元件。

3）分析可能的危险性。对各“剖切块”进行分析，找出子系统、部件或元件存在的危险因素，评定其危险性和可能造成的后果。

4）确定检查要点。根据危险性大小及重要程度，以提问的形式列出要点并汇总形成表格。

知识学习

安全检查表一般包括以下内容：

（1）序号（统一编号）。

（2）项目名称。如子系统、车间、工段、设备等。

（3）检查内容。在修辞上可用陈述句，也可用疑问句。

（4）检查标准。如标准要求、指标参数的允许范围。

（5）检查方法。包括必要的检测技术与手段。

（6）得分或项目的相对重要程度，或必要项目。

（7）检查结果。

（8）备注。可注明建议改进措施或情况反馈等事项。

（9）检查人与检查时间。

64. 编制安全检查表时需要注意哪些事项？

安全检查表是实际生产中简便高效的安全生产检查方法，但其使用效果与其编制质量紧密相关，只有在安全检查表编制科学合理的情况下，才能达到安全生产检查所应具备的效果。对于安全检查表的编制，主要有以下几点注意事项。

（1）要有依据

安全检查表的编制要依据相应的安全技术标准和国家及地方政府颁布的法律法规，在充分了解系统的基础上进行。

（2）要全面

安全检查表的编制是一个复杂、严谨的过程，应针对不同的检查对象和目的，组织技术人员、管理人员、操作人员等，在结合理论知识和实践经验的基础上共同完成。

（3）要符合实际

安全检查表应根据生产系统、车间、班组的实际情况编写，并在实践检验下不断修改、不断完善。经过一定时间之后，这类检查表可以标准化。

（4）要协调有序

为了确保使用可靠，必须使各类检查表之间协调有序。在使用上，各单位、各工种、各专业使用的安全检查表，要做到统一配套、供应、收存；在内容上，要做到明确、统一、可行且协调发展；在结构上，必须体现其结构独立、功能突出、明显区别的协调特点。

（5）要突出重点

检查项目要全面、具体、明确，检查表要条理清晰、避免重复、简明扼要，尤其是要在内容上做到突出安全生产检查的重点。就一般情况而言，安全生产检查的重点包括物的不安全状态和人的不安全行为，机械设备及特种设备中的易损坏零件和部件的情况，生产环境条件是否符合安全要求，职业病危害因素是否得到控制等。检查表的编制要有针对性，不同类别的检查表的适用范围和侧重点都不同，不宜通用，专业与日常、重点与次要、管理人员与操作人员等检查内容要有区分，做到各负其责。

（6）要一事一议

一事一议是指在各种检查表中，要确保每个检查项目只针对一项检查内容，只能提出一个问题，才能简单地回答“是”或“否”。

（7）要不断完善更新

检查表应用后，要通过实践检验不断修改，使之逐渐完善。检查表要力求系统完整，不漏掉任何能引发事故的关键危险因素，检查表中的检查项目要随着工艺和设备的改进而不断更新。

65. 实际应用安全检查表有哪些注意事项？

为了实现预期目标，应用安全检查表时，应注意以下几个问题。

（1）各类安全检查表都有适用对象，以专业检查表与日常检查表为例，专业检查表应详细、突出专业设备安全参数的定量界限；而日常检查表，尤其是岗位检查表应简明扼要，突出关键和重点部位。

（2）应用安全检查表实施检查时，应落实检查人员。厂级日常检查，可由安全生产管理人员会同有关部门联合进行。车间级安全生产检查，可由车间主任或指定车间安全员进行。岗位安全生产检查一般指定专人进行。检查后检查人员应签字并提出处理意见备查。

（3）为保证检查按期有效实施，应将检查表列入相关安全生产管理制度，或制定安全检查表的实施办法。

（4）应用安全检查表检查，必须注意信息的反馈及整改。对查出的问题，凡是检查人员能当场督促整改和解决的应立即解决，不能当场整改和解决的应进行反馈登记、汇总分析，由有关部门列入计划限期解决。

（5）应用安全检查表检查，必须按编制的内容，逐项目、逐内容、逐点检查。应有问必答，有点必检，按规定的符号填写清楚，为系统分析及安全评价提供可靠、准确的依据。

66. 安全检查表可以从哪些方面进行改进?

（1）制定编制提纲，细化编制内容

传统的安全检查表在编制阶段并没有制定编制提纲的环节，这就使得安全检查表在内容设定上缺乏一定的条理性，并且重点难以突出，不能结合每一个方面合理地制定出检查内容。因此，为了让安全检查表的应用更加的规范，更能突出检查重点，安全检查表编制人员在进行安全检查表编制工作之前，应先制定出安全检查表的编制提纲，将安全检查表中涉及的检查内容进行分类，按照不同的检查领域设置详细的检查内容。通常情况下，工业领域的安全检查内容主要包括：环境保护情况、设备应用情况、系统运行情况、技术管理情况等。除此之外，为了让安全检查表在应用的过程中更能突出重点检查内容，编制人员还应对安全检查表的内容进行细化，加入主要影响因素，使得安全检查表在应用的过程中更有侧重，主次分明，有利于安全评价工作的展开。

（2）注重资料搜集，深挖事故隐患

在应用安全检查表的过程中，相关人员经常忽视对设备或者系统以往资料的搜集，造成设备或者系统中的事故隐患难以被有效地发现。因此，在应用安全检查表法时，应搜集设备或者系统以往的故障资料、事故资料、技术应用情况以及改装情况等。尤其是在进行定性评价的过程中，更要对以往的资料进行详细的掌握，通过查询故障台账和技术月报的方式，加深对设备或者系统的了解，深挖设备或者系统中可能出现的事故隐患，并对安全检查表得出的结果进行分析，为相关部门提出切实可行的改良意见，提升安全管理工作水平，保障生产的顺利进行。

67. 安全生产检查还有哪些其他常用方法？

安全检查表法属于系统安全分析方法中的一种，除此之外，系统安全分析方法还有故障模式与影响分析、预先危险分析、危险性与可操作性分析等。

（1）故障模式与影响分析

故障模式与影响分析是一种归纳分析法，通过在设计阶段对系统的各个组成部分，即元件、组件、子系统等进行分析，找出它们所能产生的故障及其类型，查明每种故障对系统的安全所带来的影响，判明故障的重要程度，以便采取措施予以消除。

故障模式与影响分析最开始用于飞机发动机的危险性分析，目前在原子能工业、电气工业、仪表工业中也有了广泛的应用，在化学工业中的应用也有明显的效果。另外，故障模式与影响分析还常常与故障树配合使用，来确定故障树的顶上事件。

（2）预先危险分析

预先危险分析是在一个系统或子系统运转（包括设计、施工、生产）之前，对系统可能存在的危险类别、危险出现的条件及可能造成的结果进行宏观概略的分析，或对系统作出预评价，又称为初步危险分析或预备事故分析。通过预先危险分析，可以达到 4 个目的：一是大体识别与系统有关的主要危险；二是鉴别产生危险的原因；三是预测事故出现对人体及系统产生的影响；四是判定已识别的危险等级，并提出消除或控制危险的措施。

（3）危险性与可操作性分析

危险性与可操作性分析是以系统工程为基础，通过引导词和标准格式寻找工艺偏差，审查新设计或已有的生产工艺和工程总图，以辨识因装置、设备的误操作或机械故障引起的潜在危险，并根据其可能造成的影响大小确定防止危险发展为事故的对策。

68. 机械设备检查的方法有哪些?

在安全生产检查中，对机械设备进行检查，以确保其运行状态和性能良好是必不可少的，通常包括设备状态检测、设备故障诊断 2 种方法。

（1）设备状态检测

设备状态检测是掌握机械设备当前状态的一种技术，是通过人工观察或借助专门的仪器，对设备规定的检测点进行间断或连续的观察或参数的检测，并与正常运转状态或设备所允许的极限值进行比较，以确定设备的劣化程度和继续运行的时间。

设备在运行时会发出多种信息，当机械设备的运行状态变化或功能逐渐劣化时就会出现相应的异常信息。例如，当设备的运行状态变化时会出现振动、噪声、温度、转速、功率异常等机械信号；设备功能劣化过程中会产生磨损微粒、油液及气体成分变化的化学信号以及电流、电压、电磁信号等。人们通过对这些信号进行实地、直观、精确的观察、检测、记录和对比分析，从而实现对设备状态的检测。通过状态检测可将设备分为不同状态类型，见表 2–3。

表 2–3　设备状态的划分

设备状态	部件			设备性能
	应力	性能	缺陷状态	
正常	在允许范围内	满足规定	轻微缺陷	满足规定要求
异常	超过允许范围	部分降低	缺陷扩大	接近规定要求，有部分降低
故障	达到破坏值	达不到规定	破损	达不到规定要求

（2）设备故障诊断

设备故障诊断是指通过对设备的检测和识别，将即将发生或已经发生的设备故障及时而正确地诊断出来，并制定排除故障的有效措施的技术。

根据目的的不同，设备故障诊断可以分为初期诊断、定期诊断、异常诊断 3 类。初期诊断是设备制造时的诊断，用于检查设备是否达到预先制定的技术要求和出厂检验标准。定期诊断是以预防为目的的事前诊断，如对重要设备和部位进行连续的状态检测，对设备进行定期停车检查等。异常诊断是当设备发生异常时，为查明异常状态的部位、程度和出现的原因而进行的诊断，是事后诊断，重点是为治理和维修提供依据，为进一步提出改进方案打下基础。

根据诊断技术的不同，设备故障诊断可分为简易诊断和精密诊断。简易诊断是迅速而简略地检测机械设备目前的状态参数是否在允许值范围内及其劣化趋势，多用便于携带的仪器进行检测。精密诊断是最终诊断，其目的是通过检测和数据处理分析，最终确定机械设备发生异常的原因、部位、程度及发展趋势等，并决定应采取的治理措施。

69. 如何保障安全生产检查的准确性和全面性?

（1）制订检查计划和标准

制订详细的检查计划和标准，包括检查内容、频率、责任人等。要确保这些标准符合相关法律、法规、标准的规定，并定期更新以适应工作场所的变化。

（2）培训检查人员

对参与检查的人员进行专业培训，确保他们了解相关安全标准、操作规程和检查技巧，以提高检查的准确性和全面性。

（3）采用多种检查方法

综合使用不同的检查方法，如定期巡查、抽样检查、专项检查等，以确保检查覆盖面广、深入细致。

（4）确保检查的客观性

检查人员应当客观、公正地执行检查任务，避免个人偏见和主观臆断，专注于客观的安全标准和要求。

（5）建立检查记录和报告机制

对每次检查进行记录，并形成翔实的检查报告，包括发现的问题、建议的改进措施、负责人及处理进度等信息。这有助于追踪问题并确保及时纠正。

70. 什么是振动和噪声监测技术检查？

机械设备运行过程中所产生的振动和噪声是反映机械设备工作状态的重要信息来源。所有机械设备在运行中都不可避免地会产生振动和噪声，但振动和噪声的异常增加大多是由故障引起的，因此，振动和噪声监测技术是设备故障诊断的常用方法。

（1）振动监测技术

在机械设备的状态监测和故障诊断中，振动监测是普遍采用的方式之一。当机械设备内部发生异常时，一般都会随之出现振动加大和工作性能的变化。因此，对机械振动信号进行测量和分析，可以在不停机和不解体的情况下得到机械的劣化程度和故障性质的相关信息。

根据振动测量和评价需要，可将机械设备分为4种类型：一是有旋转和往复部件的往复式机械设备，如柴油发动机及某些类型的压缩机和泵，通常在其主要结构上进行低频振动测量；

二是具有刚性特性转子的旋转机械设备，如某些类型的电动机、单级泵和低转速泵，通常测量主要结构（例如轴承盖或轴承座）的振动；三是具有挠性特性转子的旋转机械设备，如大型蒸汽和燃气轮发电机组、多级泵和压缩机，其测量结构部件的振动量值未必完全指示转子的振动，因此只准许直接测量轴的振动；四是具有准刚性特性转子的旋转机械设备，如蒸汽轮机转子、轴流式压缩机和风机，其包含一种特殊类型的挠性转子，可在轴承盖上测量的振动量值评估轴振动。

在振动烈度的分类中，所用运动变量（位移、速度或加速度）取决于适用的标准、频率范围和其他因素。在对 10~1 000 赫兹范围内的机械振动进行分类时，由于振动速度是振动烈度的直接测量，通常选用它。对更低和更高频率的振动，优先选择的测量量分别是位移和加速度。

（2）噪声监测技术

噪声监测所用的仪器一般为积分平均声级计或环境噪声自动监测仪，其性能应不低于《电声学　声级计　第 1 部分：规范》（GB/T 3785.1—2023）和《电声学　声级计　第 2 部分：型式评价试验》（GB/T 3785.2—2023）的要求。当需要进行噪声的频谱分析时，仪器性能应符合《电声学　倍频程和分数倍频程滤波器》（GB/T 3241—2010）中对滤波器的要求。声级计通常由传声器、信号处理器和显示器组成，其中，信号处理器包括规定的且可以控制频率响应的放大器、对随时间变化的频率计权声压进行平方的装置及时间积分器或时间平均器，是声级计的必备部分。

71. 监测技术在故障诊断中的局限性是什么？

监测技术在故障诊断中虽然十分重要，但在某些方面也存在一定的局限性，具体如下。

（1）准确性和精度

监测技术可能受监测设备精度的限制。某些情况下，监测设备可能无法提供足够精确的数据，导致故障的诊断不够准确。

（2）环境因素

不同的环境条件（如温度、湿度、振动等）可能对监测设备的准确性和可靠性产生影响，恶劣的环境条件可能导致数据不稳定或误报故障。

（3）故障特征的变化

某些故障可能在其发展过程中表现出多样化的特征，这使得单一监测技术难以捕捉所有可能的故障信号或模式。

（4）数据处理和分析

监测技术产生的数据量可能庞大且复杂，需要较高的数据处理和分析技能才能从中提取出有用的信息。数据处理的复杂性可能限制了对故障的及时诊断和准确判断。

（5）设备兼容性和适用性

并非所有设备适用的监测技术都相同，某些设备可能需要特殊类型的传感器等装置，而这些装置可能并不容易进行安装和维护。

（6）隐性故障

某些故障可能在初始阶段并不明显，这种隐性故障会超出监测技术的监测范围，直到故障发展到更为严重的阶段才被发现。

综上所述，监测技术虽然在故障诊断中起着重要作用，但在特定情况下仍存在局限性。因此，在使用监测技术时，需要综合考虑其优势和限制，并结合其他故障诊断方法，以提高故障诊断的准确性和可靠性。

72. 什么是红外测温与红外热成像技术?

在工业生产和工程测试中，温度检测可及时反映设备的运行情况，为操作人员提供操作依据，为自动化装置提供信号。对检测到的异常数据进行分析，可以帮助人们识别事故隐患，从而为保障设备安全、经济运行及实现自动化提供重要的条件。

温度检测仪表、仪器的种类很多，其工作原理也不同，测温的方式可分为接触式测温和非接触式测温。接触式测温是利用物体体积随温度的变化来实现温度测量的，如液体或固体膨胀式温度计，液体、气体、固体压力式温度计。此外，还有利用金属或半导体电阻的变化来实现温度测量的，如电阻温度计、热电偶温度计。非接触式测温利用的是被测物体的热辐射现象。热辐射是自然界中极为普遍的现象。无论任何物体，只要它的温度高于绝对零度（-273.15 ℃），就有一部分热能变为辐射能。物体温度不同，其辐射出的能量不同，辐射波的波长组成也不同，但总是包含红外波。当物体温度在 1 000 ℃以下时，其热辐射中最强的电磁波为红外波。这就是红外测温的基本原理。

红外热成像技术的原理是利用红外传感器接收被测目标的红外线信号，经放大和处理后送至显示器，形成该目标温度分布的二维可视图像。红外热成像技术在各工业部门都得到了广泛的应用。在化工生产中，利用红外热成像技术检查换热器的泄漏和堵塞是最有效的。红外热成像技术还可用于检测密封漏油故障；测量转化炉炉墙温度，对其保温状况和热损失部位进行检测；对乙烯生产的裂解炉管及炉壁保温材料进行检测；对重整反应器内套搭接焊缝进行检查等，效果良好。

73. 红外测温与红外热成像技术在识别事故隐患中的优势是什么?

红外测温与红外热成像技术在识别事故隐患方面有许多优势，特别是在工业、电力、建筑施工等领域。

（1）非接触性

红外测温技术可以实现对目标的非接触性测温，无需直接接触物体表面即可获取其温度信息。这对于危险、高温、难以接近的区域尤为重要，减少了操作人员的风险。

（2）实时性和快速响应

红外热成像技术可以提供实时图像，并且响应速度快，有助于在设备或系统出现问题时迅速检测到异常情况，及早采取措施防止潜在的隐患演变成事故。

（3）大范围监测

红外热成像技术可以覆盖相对较大的区域，通过热成像图同时监测多个区域，有助于全面了解系统或设备的工作状态。

（4）能量分布图

红外热成像生成的图像显示了目标表面的温度分布，而不仅仅是单一点的温度值。这有助于更好地理解系统的热特性，发现温度梯度异常，从而预测和识别潜在的问题。

（5）隐蔽区域检测

红外技术能够穿透一些遮挡物，从而探测到隐蔽或难以观察的区域的温度异常。这对于检测隐蔽的电气隐患或机械故障非常有帮助。

（6）数据记录和分析

红外技术可以生成大量数据，通过记录和分析这些数据，可以制订长期的维护计划，改善系统的整体可靠性。

74. 油液分析技术在检查中的作用是什么?

机械零件的失效是影响机械设备正常运行的主要故障之一。在任何机械系统中，相互接触的金属零件间发生的相对运动，都会发生磨损。因此，机械零件的磨损失效是最常见、最主要的失效形式，约占总数的80%，而且总能源消耗中近一半为摩擦消耗。为了减少机械设备中相对运动部件表面的摩擦和磨损，通常会加入润滑剂，而运动部件的表面磨损产生的微小磨屑会进入机械润滑系统中，大多数磨屑在油液中呈悬浮状态。各种机械不同工作状态（磨合期、正常磨损期、严重磨损期）产生的磨屑有不同特征（形态、尺寸、表面形貌、数量和分布），它们代表和反映了不同的磨损失效类型（黏着磨损、磨料磨损、表面疲劳磨损、腐蚀磨损等）。因此，油液分析技术对研究机械磨损的部位和过程、磨损失效的类型、磨损的机理以及油品评价有着重要作用，而且也是在不停机、不解体的情况下对机械设备运行状态检测和故障诊断的重要手段。特别是对低速运转的机械及往复机械，利用振动和噪声监测技术判断故障往往较为困难，而油液分析技术则是一种较为有效的方法。

油液分析技术可分为2类：一类是油液本身的物理化学分析，这是因为润滑系统是机械设备的重要组成部分，润滑剂的性能与状态直接影响机械摩擦副的磨损状态，对润滑剂理化性能的检测就是对润滑系统工作状态的检测；另一类是油液中不溶物质的分析技术，也称为磨屑检测技术，它是检测摩擦副本身工作状态的手段。

磨屑检测的方法主要有光谱分析法和铁谱分析法2种，它们的共同特点是通过测定油液中所含各种金属元素的含量，反推出含有这些元素的机械零件、润滑系统和液压系统的磨损状态，达到对机械设备进行工况检测和故障诊断的目的。

75. 无损检测技术的应用范围有哪些？

无损检测技术始于20世纪初，20世纪40年代，美国开始广泛研究和应用这项技术，20世纪50年代，我国各工业部门开始相继使用这项技术。目前，几乎所有的无损检测技术都得到了实际应用。在石油化工生产中，压力容器、发动机、压缩机等设备，是在高温、高压、高速或高负荷条件下运行的。如果这些设备在制造过程中产生各种各样的缺陷，如裂纹、疏松、气泡、夹渣、未焊透等，在运行中由于应力、疲劳、腐蚀等因素的影响，上述各类缺陷又会不断扩展。利用无损检测技术，不但可以检测出缺陷的存在，而且还能给出定性、定量的评价，以确定缺陷形状、大小、位置、取向、内含物等，进而分析出缺陷危险程度，制定相应的对策。

广义而言，任何能对材料或设备的缺陷、故障进行非破坏性检验的技术手段，包括但不限于机械检测、声波检测、光学检测、热学检测、电学检测、磁学检测、以及化学分析、粒子束技术等，都可被视为无损检测技术。常用的无损检测技术有超声波探伤法、射线探伤法、渗透探伤法、磁粉探伤法、涡流探伤法等。

（1）超声波探伤法

超声波探伤法的原理是利用电振荡在探头中激发高频超声波。这些超声波射入构件后，若遇到缺陷部位会被反射、散射或衰减，再经探头接收并转换成电信号。转换后的电信号经放大处理后，能够以波形图的形式展示出来。根据波形的特征，可以确定缺陷的部位、大小和性质，并依据相应的标准或规范判定缺陷的危害程度。

（2）射线探伤法

射线（容易穿透物质的射线有 X 射线、γ 射线和中子射线，在设备诊断中常用X射线和γ射线）在穿透物体的过程中，由于物体的吸收和散射，其强度会减弱。减弱的程度取决于物体的厚度、材料的性质和有无缺陷。例如，当物体含有气孔时，气孔部分不吸收射线，因此，射线就容易通过；而当有易吸收射线的异物夹杂在物体中时，射线就难以通过。用强度均匀的射线照射被检测物体，使透过的射线在底片上感光、显影后，就得到与材料内部结构或缺陷相对应的黑度不同的图像。通过对这种射线底片的观察来判断缺陷的种类、大小和分布状况等，再依据相应的标准评定缺陷的危害程度。

（3）渗透探伤法

渗透探伤法也叫液体渗透探伤法，是应用液体表面张力对固体产生的浸润作用以及液体之间的乳化作用来实现探伤的。这种方法适用于大多数金属材料表面缺陷的检测，是一种既古老又简便的无损检测。渗透探伤法可以分为荧光渗透法和着色渗透法。前者需用紫外线照射才能观察，后者只要在明亮的自然光线下即可观察。

渗透探伤法的基本步骤是：清洗被检查物体的表面，涂刷渗透剂，使其有足够的时间充分渗透到缺陷中去，然后清洗并去除遗留在物体表面的残余渗透剂。若使用乳化剂，则在渗透完成后再喷涂乳化剂，使不溶于水的渗透剂产生乳化作用，以便于清洗。将显像剂涂到物体表面形成一层显像剂膜，由于显像剂和渗透剂会发生溶解、吸附或其他化学反应，残留在缺陷内的渗透剂会扩散到显像剂膜中，形成可见的缺陷图像。

（4）磁粉探伤法

铁磁性材料（铁、镍、钴）的表面或近表层有缺陷时，一旦被强磁化，则会有部分磁力线外溢形成漏磁场，对施加到表面的磁粉产生吸附作用而显示出缺陷的痕迹。这种由磁粉痕迹来判定缺陷位置、取向和大小的方法，称为磁粉探伤法。磁粉探伤法也是一种古老而使用广泛的方法，在检测铁磁性材料表面和近表层的缺陷如裂纹、重叠、发纹、冷隔和分层时表现良好。

缺陷漏磁场的强度和分布取决于缺陷的长度、取向、位置和被测表面的磁化强度。当缺陷取向与磁化方向互相垂直时，检测灵敏度最高；互相平行时，则无磁粉痕迹显示。为此，人们提出不同的磁化方法以适用于不同的缺陷类型。例如，周向磁化法对纵向缺陷较为敏感；纵向磁化法对横向缺陷较为敏感；旋转磁化法则适用于任意方向的缺陷。

（5）涡流探伤法

涡流探伤法以电磁感应原理为基础。当检测线圈靠近导电的物体表面并通以交流电时，所产生的交变磁场将在物体表面感应出涡流。由于缺陷的存在，涡流的大小和分布会发生改变，根据所测得的涡流变化量，可以判断缺陷的情况。涡流探伤法仅限于导体表面或近表面的探伤，与超声波探伤法相比，它不需要直接接触物体表面，因此检测速度快，并便于实现高温检测。在化工生产中，热交换器和反应器中有很多管道，管道的缺陷主要是裂纹和腐蚀，利用涡流探伤法可以对管道进行在役检查。

76. 声发射检测技术的原理是什么?

材料或结构受到外力或者是内力影响，可能会因应力集中而出现开裂或变形等问题，在这个过程中，材料或结构内部的应变能会以瞬时弹性波的形式迅速释放出来，这种现象就是声发射现象。这种迅速释放的应变能达到一定的级别，人的耳朵就能够捕捉其声音，许多材料发生形变或者是开裂时，都会发生声发射现象。

从声发射源发射的弹性波传播到达材料的表面，引起可以用声发射传感器探测到的表面位移或振动，这些传感器将探测到的位移或振动转换为电信号，然后再放大、处理和记录，这就是声发射检测技术。在材料加工、处理和使用过程中有很多因素能引起内应力的变化，如位错运动、孪生、裂纹萌生与扩展、断裂、非扩散相变、磁畴壁运动、热胀冷缩、外加负荷等，可以根据观察到的声发射信号进行分析以了解材料产生的应力变化及其可能导致的缺陷。

对于管道及压力容器而言，由于其长期在高温高压条件下工作，很容易因材料疲劳、腐蚀等产生裂纹。裂纹成核、扩展直至开裂的过程中，都会不同程度地释放出应变能，从而产生声发射信号。根据上述声发射信号的大小可判断是否有裂纹产生、是否有泄漏，以及可能产生的泄漏程度。

对于旋转和往复运动机械，特别是高速旋转机械，若其在运行过程中出现不平衡、不对中、热弯曲等，会发生转子碰磨，此时金属内部晶格将发生滑移或重新排列，这个过程中能量的变化以弹性波的形式释放出来，也会产生声发射信号。

77. 声发射检测技术的特点是什么？

声发射检测技术是根据材料结构内部发出的应变能来判断内部损伤程度的一种新型动态无损检测方法。与常规无损检测技术相比，声发射检测对动态缺陷更为敏感，能够及时检测到缺陷的萌生和扩展。此外，声发射信号来自缺陷本身而非外部，可以得到有关缺陷的丰富信息，检测灵敏度与分辨力高。与其他无损检测技术相比，声发射检测技术的主要特点如下。

（1）声发射检测技术是一种动态无损检测技术，其检测到的声发射信号来自于被测物体本身，不像超声波或射线检测只能检测已经存在的缺陷，而是可以做到实时检测。

（2）声发射检测技术对线性缺陷较为敏感，能探测到在外加结构应力下，这些缺陷的活动情况，因为稳定的缺陷不会产生声发射信号。

（3）声发射检测技术是一种整体的检测技术，可提供缺陷随载荷、时间、温度等外部变量改变而变化的实时或连续信息，因而适用于工业过程在线监控及早期或临近破坏预报。

（4）声发射检测技术对被检测物体的几何形状不敏感，因而适用于检测其他方法受到限制的形状复杂的物体，也适用于其他无损检测方法难以或无法接近（如高低温、辐射、易燃、易爆和剧毒等）的环境下的检测。

（5）声发射检测技术适用于在用设备的定期检验，可以缩短检验的停产时间或不需要停产，因此经济效益和社会效益显著。

三、安全生产检查工作组织与实施

78. 安全生产检查工作的组织原则与形式有哪些?

（1）安全生产检查工作的组织原则

安全生产检查是主动性的安全防范。安全生产检查要坚持管理人员与一线从业人员相结合、综合检查与专业检查相结合、检查与整改相结合的原则，并做到经常化、制度化、规范化。对检查出的事故隐患，要进行原因分析，及时实施整改措施。对事故隐患，按照隐患整改“四定”原则（定措施、定负责人、定期限、定资金来源）落实。对检查中发现的一般事故隐患，要立即整改。对不能处理的隐患，实施跟踪监督，采取临时应急措施，挂牌限期整改。对不具备整改条件的隐患，要采取一定的应急防范措施或临时解决措施，在条件具备的情况下彻底整改，确保安全生产。对危险性及危害性较大的隐患，必须立即落实整改措施。

（2）安全生产检查的组织形式

安全生产检查的组织形式多种多样，应根据检查的范围、目标和资源等因素来决定具体的组织形式。以下是一些常见的安全生产检查工作的组织形式：

1）以生产经营单位管理人员为主，组成全生产检查组进行安全大检查活动。

2）管理人员和一线从业人员相结合组成安全生产检查组开展检查活动。

3）以专业技术人员为主开展检查评估活动。

4）以一线从业人员为主开展自查。

79. 现场安全生产检查应注意哪些方面？

现场安全生产检查对推动安全生产工作的切实落实与持续有效具有非常重要的作用，必须从思想上高度重视，以确保现场安全生产检查达到预期的效果。

（1）明确检查目的

开展现场安全生产检查的目的是验证现场的行为与状态是否符合本单位的安全生产管理规章制度，及时发现并制止不合规的行为或状态，确保整改到位。

（2）做好检查的准备工作

现场开展安全生产检查是一项系统化的工作，包括策划、准备、实施、总结、改进等步骤，缺少任何一个步骤都会给现场检查带来负面的作用，甚至掩盖了现场存在的各种不合规行为和状态，同时也会让现场的人员对安全生产检查工作不重视。开展现场安全生产检查，不论是临时性的（突击性的），还是计划性的，都要在检查前做好充分的准备工作，以确保现场安全生产检查的有效性。

（3）确定检查的区域或场所

开展现场安全生产检查前，一定要明确检查的范围，防止现场安全生产检查出现如下情况：

1）不全面，有遗漏的区域或场所，给出现事故隐患创造了条件。

2）检查者的行为或状态不符合现场对应场所的安全管理要求。

（4）明确检查的流程

开展现场安全生产检查前，应厘清现场涉及的作业类型，按照现场平面布置图排列检查的先后顺序，同时要清楚每一类作业的现场具体负责人，以便在检查时能随时与对应的现场负责人交流沟通，便于检查后现场负责人有针对性地进行督促整改和完善后续的现场管理。

（5）明确安全生产要求

现场安全生产检查是一项正规严谨的工作，目的是要通过现场检查和督促，帮助作业人员进一步熟悉和掌握现场的具体安全生产要求。

（6）形成闭环管理

开展现场安全生产检查，必然会发现现场存在的安全问题，这只是第一步，最重要的是要保证发现的所有安全问题都能得到及时的整改落实，防止存在遗漏。要对现场安全生产检查的结果进行汇总和整理分析，确定问题的类型与严重程度。对于严重的安全问题，要作为后续安全生产检查、安全教育培训以及与现场负责人沟通的重点，严格执行“四不放过”原则（事故原因未查清不放过、责任人员未处理不放过、整改措施未落实不放过、有关人员未受到教育不放过）。为了确保安全生产检查起到警示的作用，应采取合适的方式公开检查结果，让现场所有的人员都能认识到问题以及问题产生的伤害，督促现场人员举一反三、引以为戒。

80. 安全生产检查中发现问题如何处理?

不论是生产经营单位内部的安全生产检查，还是应急管理部门和其他负有安全生产监督管理职责的部门进行的监督检查，都不能以发现了存在的安全问题作为检查工作的结束，更不能以对发现的安全问题进行处罚了作为检查工作的结束。安全生产检查中发现问题固然重要，但更重要的是让责任人能了解正确的做法，明白自己在安全生产方面的责任与义务，清楚若不整改到位需要承担的责任以及由此引发生产安全事故需要承担的法律责任，才能确保发现的问题得到有效、彻底、全面的整改。所以，安全生产检查发现问题后，需要严格落实以下内容。

（1）精准描述安全问题的内容，确保责任人能真正明白错在哪里，避免因描述不全面、不准确导致责任人对安全问题的认知不清晰，甚至不能真正认识到错在何处。

（2）分析安全问题可能导致的危害（风险），尤其是对责任人的健康、安全、利益方面的危害，并详细、全面、准确地告知责任人，使责任人在思想上充分重视，强化责任人的警惕心理与保护意识。

（3）明确告知责任人应遵守的安全生产管理的具体规定或标准，督促责任人学习和熟悉有关安全生产管理要求。

（4）认真、全面分析、查找、确定导致安全问题发生的根本原因。如果不找出根本原因，就会导致同样或类似的安全问题频发，得不到彻底有效的整改。

（5）将导致安全问题的间接原因逐一罗列，明确对应的责任部门或责任人，并在第一时间与责任部门或责任人沟通交流，督促落实整改到位。

（6）跟踪验证整改措施的落实情况，包括针对直接原因和间接原因采取的整改措施。

（7）组织相关人员针对发现的安全问题开展教育培训，充分引起所有相关人员对安全问题的重视，强化安全意识，有效防止同样或类似的安全问题出现在自己的工作过程中。

（8）开展回头看（查），督促整改措施持续落实，让整改措施成为工作的习惯性规范标准。

（9）与安全问题的主要负责人沟通交流，对现场工作流程作出优化调整，彻底消除事故隐患。

81.《安全生产法》对于生产经营单位安全生产检查有何规定？

《安全生产法》第四十六条规定了生产经营单位安全生产管理人员的安全检查和报告义务，并明确了安全生产管理人员发现重大事故隐患后，应当及时排除重大隐患，防止生产安全事故的发生，以及有关主管部门应当依法处理的职责。

（1）安全生产管理人员的安全检查义务

人的不安全行为和物的不安全状态，是造成生产安全事故发生的重要因素。为了消除这些因素，排除隐患，需要对生产经营单位的安全生产状况进行经常性的检查。安全生产检查根据主体的不同，可以分为有关主管部门进行的监督检查和生产经营单位的自查两种形式。其中，以生产经营单位的自查最为常见和普遍。生产经营单位的安全生产管理人员应当根据本单位的生产经营特点，对本单位的安全生产状况进行经常性的检查。一般来说，安全生产检查主要涉及安全生产规章制度是否健全、完善；安全设备、设施是否处于正常的运行状态，从业人员是否具备应有的安全知识和操作技能；从业人员在工作中是否严格遵守安全生产规章制度和操作规程；劳动防护用品是否符合标准以及是否有其他事故隐患等。

（2）安全生产管理人员的报告义务

生产经营单位的安全生产管理人员在对本单位的安全生产状况进行检查的过程中，发现存在的安全问题，可以处理的应当立即采取措施进行处理。例如，发现从业人员没有佩戴劳动防护用品，应当立即要求其改正。对于不能当场处理的安全问题，如安全设施不合格，需要改建等，应该立即将相关情况报告本单位的主要负责人或者安全生产分管负责人，报告应当包括安全问题发现的时间、具体情况以及如何解决等内容。有关负责人在接到报告后应当及时处理。生产经营单位的安全生产管理人员还应当将安全生产检查的情况，包括检查的时间、范围、内容、发现的问题及其处理情况等都详细地记入本单位的安全生产档案，作为日后完善相关制度的参考或者发生事故时作为调查事故原因的依据。

法律提示

《安全生产法》第四十六条规定，生产经营单位的安全生产管理人员应当根据本单位的生产经营特点，对安全生产状况进行经常性检查；对检查中发现的安全问题，应当立即处理；不能处理的，应当及时报告本单位有关负责人，有关负责人应当及时处理。检查及处理情况应当如实记录在案。

生产经营单位的安全生产管理人员在检查中发现重大事故隐患，依照上述规定向本单位有关负责人报告，有关负责人不及时处理的，安全生产管理人员可以向主管的负有安全生产监督管理职责的部门报告，接到报告的部门应当依法及时处理。

82. 安全生产检查工作计划的制订分为哪几个阶段?

安全生产检查工作计划的制订对于保障工作场所的安全至关重要。一个周密的安全生产检查工作计划有助于系统地识别和评估潜在的风险和危险源，从而采取预防措施以避免事故的发生。明确检查目标和检查重点，以及具体的执行步骤和标准，不仅能够使安全生产检查更加高效且有针对性，还能够增强从业人员的安全意识和责任感。此外，还应定期更新和调整安全生产检查工作计划，确保安全措施能够适应不断变化的工作环境和新出现的风险，从而长期维持并持续提升安全管理水平。安全生产检查工作计划的制订具体包括以下 4 个阶段。

（1）风险识别与评估

这一阶段的核心是对工作场所进行全面的风险识别和评估，

包括了解现场的作业环境、操作规程、机械设备和化学品使用情况等，以准确识别可能存在的危险源和风险因素。这一阶段是制订有效的安全生产检查工作计划的基础，以确保后续步骤的针对性和有效性。

（2）确定检查目标和检查重点

在风险评估的基础上，需要明确安全生产检查的主要目标和重点领域。这一阶段通常涉及识别高风险操作区域、事故多发点和关键的安全控制系统。

（3）制订检查计划与标准

制订具体的安全生产检查工作计划是第三个阶段。计划应包括具体的检查时间、地点、所需资源、检查内容和方法。同时，还需要明确检查标准和程序，包括检查清单、评价标准和记录格式，以确保检查过程的一致性和有效性。此外，还应为参与检查的人员提供必要的培训，确保他们掌握必要的安全知识和检查技巧。

（4）实施、反馈与定期更新

最后阶段是实施检查计划并建立有效的反馈机制。检查完成后，对发现的问题进行详细记录和分析，并基于这些信息制定改进措施。重要的是，安全生产检查工作计划应当定期进行评估和更新，以适应工作环境和条件的变化，确保始终符合当前的安全需求。

83. 安全生产检查工作中的人员配备与角色分工是怎样的？

安全生产检查工作中的人员配备与角色分工极其重要，多元化的团队组成能够确保从不同角度和专业领域对事故隐患进行全面评估。安全生产检查工作中的基本人员配备和角色分工如下。

（1）主管领导

由生产经营单位主要负责人或安全生产分管负责人担任检查团队的负责人，负责明确检查的指导方针并为检查提供支持，确保检查工作得到足够重视。

（2）安全专家

安全专家或专业技术人员具备深入的安全知识，能够识别和评估潜在风险，并提供专业建议。他们负责指导和监督整个检查过程，进行风险评估，指出潜在的风险点，并提出改进措施。

（3）现场管理人员

特定区域或部门的管理人员更加了解现场操作规程和工作环境，能够提供现场操作和管理的信息，帮助识别实际操作中可能存在的安全漏洞，执行和跟踪改进措施。

（4）一线从业人员

一线从业人员对日常操作有较为深刻的理解，可以提供实际操作的反馈。让其亲自参与到安全生产检查工作中，可以对提高其对安全生产规章制度的接受程度。

通过这样的人员配备和角色分工，安全生产检查能够综合不同视角和各领域的专业知识，更全面地识别潜在风险，为制定有效的安全改进措施，提高整体的安全生产管理水平奠定基础。

84. 安全生产检查工作中如何确保检查的客观性和公正性？

确保安全生产检查工作的客观性和公正性对于提高生产经营单位安全标准、增强从业人员信任、预防事故、降低运营成本以及建立积极的安全文化至关重要。通过客观公正的检查，生产经营单位不仅能有效识别和解决事故隐患，还能够促进持续改进，加强内部管理，同时提升其在行业和公众中的形象和声誉，具体做法如下。

（1）标准化检查流程

制定详细的检查指南和标准，包括安全标准、操作规程、检查频次等。确保检查流程包括所有相关的安全领域，如机械安全、环境风险、工作场所健康等。定期更新检查标准，以反映最新的安全法规和行业最佳实践。

（2）专业培训

定期对检查人员进行安全法规、行业标准和风险识别方面的培训。实施考核和认证制度，确保检查人员具备必要的专业知识，并定期进行实际案例研究和模拟检查练习，增强检查人员的实战经验。

（3）团队多元化

检查团队成员应具备不同的专业背景，如工程、环保、卫生等。通过多元化团队，确保从不同专业视角审视安全问题，促进团队内部交流和协作，共同提升检查的全面性和深入性。

（4）独立性

保障检查团队的独立性，避免外部干预。确保检查人员与被检查单位或部门之间没有直接的利益关系，还可以采取匿名或第三方评审的方式，以增强检查结果的公正性。

（5）公开透明

通过公开渠道（如网站、公告板等）公布检查标准和流程，以及检查结果和后续整改措施。同时，为从业人员和公众提供反馈渠道，接受外部监督，增加互动和参与度。

（6）信息技术应用

使用数据分析工具来识别风险和趋势，指导检查重点。例如，利用移动设备和应用程序来记录和管理检查数据，采用先进的监控技术，提高现场检查的效率和准确性。

85. 安全生产检查中采用的技术手段和工具有哪些?

采用现代技术手段和工具进行安全生产检查可以提高检查效率、增强准确性和可靠性、实现实时监控和快速响应、进行无障碍检查，并强化数据管理和分析能力。这些技术还有助于改善从业人员的安全意识，减少人为错误。安全生产检查中常用的技术手段和工具如下。

（1）监控和传感器技术

视频监控系统可用于实时监控工作场所，监测不安全行为或环境；传感器如烟雾探测器、气体泄漏传感器等可用于监测潜在的危险因素。

（2）移动设备和应用

在智能手机和平板电脑上安装专业的安全生产检查应用程序，可以更方便地记录检查数据、拍照记录问题点和生成报告；可穿戴设备，如智能手表等，可用于追踪从业人员的健康和安全状况。

（3）数据分析和管理软件

安全管理软件可用于整合和分析安全数据，识别风险趋势，优化检查流程；报告和文档管理系统可用于管理安全检查报告、培训记录和合规文件。

（4）无人机和机器人

无人机可用于对难以接近的区域进行空中监视和检查；检查机器人可以在危险或难以到达的环境中使用，如化工厂或矿井，使用机器视觉来自动识别违规行为或环境隐患。

（5）虚拟现实（VR）和增强现实（AR）

VR 可用于安全培训，模拟危险情况，提高从业人员的应急反应能力；AR 可辅助现场检查，通过叠加信息和指引来帮助识别问题。

86. 安全生产检查中如何采集、记录和保存相关信息？

在安全生产检查中，有效地采集、记录和保存相关信息是确保检查成果可靠性和可追溯性的关键。以下是这一过程的几个重要步骤。

（1）采集信息

1）使用检查清单。准备详细的检查清单，确保覆盖所有重要的安全方面。

2）现场记录。利用移动设备如智能手机或平板电脑记录现场情况，包括拍摄照片或视频。

3）使用专业工具。根据需要使用各种检测工具，如气体检测器、温度计、噪声计等，以收集客观数据。

（2）记录信息

1）电子记录。使用专业的安全管理软件或简单的电子表格来记录发现的问题、观察到的不安全行为以及相应的数据。

2）准确记录。确保记录具体、详细且无歧义，包括时间、地点、观察到的情况、可能的风险等。

3）遵循标准格式。使用统一的记录格式，便于后续的分析和比较。

（3）保存信息

1）数据备份。定期备份电子数据，避免因设备故障或其他原因导致数据丢失。

2）安全存储。确保记录的信息安全存储，遵守相关的隐私和数据保护法规。

3）文档管理。对所有记录的文档进行适当的分类和归档，使其易于未来的访问和使用。

（4）数据整合和共享

1）整合数据。将不同来源和格式的数据整合在一起，提供全面的视角。

2）数据共享。确保检查结果和数据对相关人员可访问，促进信息的透明和共享。

87. 安全生产检查结果如何整理和分析?

安全生产检查后的整理和分析工作对于提升生产经营单位的整体安全管理至关重要，它不仅有助于准确识别和及时解决事故隐患，预防潜在的风险，还能通过持续的改进措施提高安全管理的效率和效果。

（1）收集和整理数据

将检查过程中收集的所有数据和信息进行汇总，包括现场笔记、照片、视频、检测数据等。对收集的信息进行分类和整理，比如，将问题按照紧急程度、影响范围或问题类型进行分类，以便于分析。对每个发现的问题进行详细记录，包括问题的具体位置、性质、可能的原因和影响，确保所有记录都是清晰和准确的，便于后续的分析和跟进。

（2）分析问题原因

对发现的问题进行深入分析，确定其根本原因。这可能需要回顾相关的工作流程、操作规程或作业人员的操作习惯。利用适当的分析工具，如事故树分析等分析方法进行分析，以确定问题的根本原因。

（3）评估风险等级

根据问题的严重性和可能造成的影响来评估其风险等级。这有助于确定哪些问题需要优先解决，并根据问题的紧迫性，安排合理的整改时间表。

（4）制定改进措施

针对分析出的问题，制定具体的改进措施，包括修订工作流程、增强培训、改进设备和调整管理措施等，确保改进措施既切实可行，又能有效解决问题。

（5）整理报告

将检查和分析结果编制成报告。报告应包括检查发现、问题分析、风险评估和建议的改进措施。应确保报告清晰、准确，并且易于理解，以便于所有相关人员掌握实际情况。

88. 安全生产检查工作中如何进行“四不两直”暗查暗访活动?

“四不两直”是指不发通知、不打招呼、不听汇报、不用陪同接待、直奔基层、直插现场的暗查暗访工作制度。国家对进一步反“四风”、转作风，创新方式、推动工作，抓预防、重治本，抓落实、求实效，建立健全暗查暗访工作制度做出了如下规定。

（1）工作对象

暗访暗查的工作对象为下级地方政府及其有关部门、本地区安全监管行业领域的各类生产经营单位（含人员密集场所）。

（2）方式方法

暗查暗访采取“四不两直”的方式，主要以突击检查、随机抽查、回头看复查等方式进行。特殊情况下，可在不告知具体事宜的情况下，临时通知相关部门陪同。

（3）检查内容

1）贯彻落实党中央、国务院关于安全生产工作的重大决策、工作部署情况。

2）生产经营单位遵守和执行安全生产法律法规、规章、制度和标准，依法从事生产经营建设活动情况。

3）地方政府及其有关部门落实安全生产属地管理、部门监管责任，开展行政执法、推动依法治理情况。

4）生产作业现场用工组织、安全管理和安全措施落实情况。

5）存在的重大安全隐患和突出问题。

6）行政执法指令、重大隐患整改落实情况。

7）事故调查处理和吸取教训整改措施落实情况。

各单位可根据工作实际，明确暗查暗访具体内容。

（4）工作程序

1）制定方案。坚持问题导向，开展暗查暗访前要制定严密细致的工作方案，确定暗查目标，突出检查重点，明确任务分工，保证暗查暗访工作的严肃性、实效性。方案实施前，必须严格保密。

2）现场检查。要深入相关单位进行突击检查，对有关工作措施落实和现场安全生产情况、非法违法违规违章行为进行录音、摄影、摄像记录，认真填写检查记录表。对查出的重大隐患和问题，要现场作出处理决定，必要时下达相应的执法文书，依法给予行政处罚。

3）通报反馈。暗查暗访结束后，要及时向被检查单位和相关部门反馈检查情况，提出处理意见。对发现的地方政府及其有关部门存在的突出问题，要及时向上一级政府和相关部门进行通报；生产经营单位存在的重大隐患和非法违法行为，要立即向其所在地县级以上地方政府及其安全监管、行业管理部门进行通报。

4）督办整改。要健全暗访暗查工作台账，加强跟踪督办，确保隐患和问题及时整改到位，推动安全生产工作措施落实到位。对不符合安全生产基本条件的生产经营单位，要提请地方政府依法取缔关闭；对带有普遍性的重大问题和严重违法违规行为，要及时约谈生产经营单位主要负责人和企业所在地地方政府及其有关部门负责人，举一反三，研究提出整改措施，并抓好落实。

（5）有关要求

1）各级应急管理部门、煤矿安全监管部门和煤矿安全监察机构要高度重视，把暗查暗访工作纳入年度安全监管监察执法计划，建立暗查暗访工作保障机制，落实工作经费，配备必要的通信、录音、摄像等工具设备和个人防护装备，保障暗查暗访工作顺利开展。要紧密结合实际，突出重点时段、重大活动、重点工作和重点地区及单位，制定暗查暗访工作计划，增强针对性和时效性。

2）坚持“零容忍、严执法”，与“打非治违”专项行动紧密结合，对非法违法、违规违章行为依法严厉惩处。对重大隐患和问题、典型非法违法行为要公开曝光，强化震慑和警示作用。

3）要充分发挥安全生产专家作用，加大现场隐患和问题排

查力度，并利用现代化影像设备，提高现场抓拍能力，真正找准问题、查实隐患。

4）暗访暗查人员要规范言行，注意形象，进入危险作业地点、环节检查时，必须遵守安全生产有关法律、制度、规定，并严格遵守保密纪律，维护被检查单位正常生产经营秩序。

89. 生产经营单位相关责任人如何开展隐患排查治理？

（1）建立事故隐患排查治理责任制

定岗位，定人员，定安全责任，定责任考核。

（2）建立事故隐患排查治理规章制度

1）策划制度框架时，至少包括适用范围、安全职责、管理要求、记录表单等要素。

2）策划制度内容时，依据如下：现行的法律法规、政府文件、相关技术标准和规范等；上级单位的通知文件、安全管理制度；本单位生产经营范围、特点、危险程度、工作性质及具体工作内容。

3）编制制度内容时，至少包括以下主要内容：规定组织实施的部门及职责分工，排查范围、内容、方法和周期，事故隐患的排查、登记、报告、监控、治理、验收各环节过程管理及档案等要求。

（3）风险识别和事故隐患排查重点部位的确定

1）在风险辨识、评价基础上，通常将风险等级较高的部位确定为事故隐患排查重点部位。

2）将根据《危险化学品重大危险源辨识》（GB 18218—2018）判定为重大危险源的部位，确定为事故隐患排查重点部位。

3）建立事故隐患排查重点部位台账，经主要负责人批准。

（4）事故隐患判定标准和常态化的事故隐患排查

1）事故隐患判定标准。可以从人的因素、物的因素、环境因素和管理因素 4 个方面进行判定。可参考属地重点行业生产安全事故隐患目录，没有生产安全事故隐患目录的，参考本行业的安全生产等级评定技术规范。

2）常态化的事故隐患排查。为便于一线从业人员排查并判定事故隐患，可编制重点部位事故隐患排查表；排查形式包括厂级综合安全检查（每半年不少于 1 次）；车间级综合排查（每季度不少于 1 次）；专项安全检查（每半年不少于 1 次）；季节性和节假日安全检查；专业技术和管理人员日常检查；作业人员班前、班中、班后隐患排查。

3）填写安全检查记录表和隐患整改通知单。

（5）事故隐患分类、分级和公示、上报

1）事故隐患分类方法。可按照治理责任（如事故隐患责任部门）、发生频次（初次发生和重复发生）、专业特性进行分类。

2）事故隐患分级方法。可分为一般事故隐患和重大事故隐患，也可将一般事故隐患再进行细分；重大事故隐患参考相关重大事故隐患判定标准。

3）事故隐患公示。生产经营单位应当建立健全并落实生产安全事故隐患排查治理制度，采取技术、管理措施，及时发现并消除事故隐患。事故隐患排查治理情况应当如实记录，并通过职工大会或者职工代表大会、信息公示栏等方式向从业人员通报。

4）事故隐患报告。生产经营单位应当每季、每年对本单位事故隐患排查治理情况进行统计分析，并分别于下一季度 15 日前和下一年 1 月 31 日前向应急管理部门和有关部门报送书面统计分析表。统计分析表应当由生产经营单位主要负责人签字。对于重大事故隐患，生产经营单位除依照上述规定报送外，应当及时向应急管理部门和有关部门报告。重大事故隐患报告内容应当包括：隐患的现状及其产生原因；隐患的危害程度和整改难易程度分析；隐患的治理方案。

（6）事故隐患治理方案

治理方案应包括要素有：治理的目标和任务；采取的方法和措施；经费和物资的落实；负责整改的机构和人员；治理的时限和要求；相应的安全措施和应急预案的落实。

（7）事故隐患治理的验收和效果评价

评价事故隐患治理的效果，确认是否能有效防止事故隐患再次发生；记录参加验收的部门、人员、验收日期、验收结论等，由验收人员签字。

（8）事故隐患排查治理台账及统计分析

1）建立事故隐患排查治理台账。

2）对事故隐患进行统计分析，预测事故隐患发生的趋势，是安全生产趋势预测预警的有效手段。统计分析方法包括：按事故隐患特性，如电气设备隐患、危险化学品隐患等；按造成事故隐患的原因，如人的不安全行为、物的不安全状态、管理缺陷等；按事故隐患发现部位，如仓库、变配电室等；按事故隐患级别，如一般、重大、其他事故隐患等；按事故隐患发生的频次，如首次、重复等。

3）形成统计分析表。

90. 安全生产监督体制包括哪些内容？

根据《安全生产法》，安全生产监督体制包括以下内容：

（1）国务院和人民政府

国务院和县级以上地方各级人民政府应当加强对安全生产工作的领导，建立健全安全生产工作协调机制，支持、督促各有关部门依法履行安全生产监督管理职责，及时协调、解决安全生产监督管理中存在的重大问题。

（2）应急管理部门

应急管理部门是专门负责安全生产监督管理的部门。根据相关法律规定，国务院应急管理部门依照《安全生产法》，对全国安全生产工作实施综合监督管理；县级以上地方各级人民政府应急管理部门依照《安全生产法》，对本行政区域内安全生产工作实施综合监督管理。

（3）有关部门

有关部门即其他负有安全生产监督管理职责的部门。根据相关法律规定，国务院交通运输、住房和城乡建设、水利、民航等有关部门依照《安全生产法》和其他有关法律、行政法规的规定，在各自的职责范围内对有关行业、领域的安全生产工作实施监督管理；县级以上地方各级人民政府有关部门依照本法和其他有关法律、法规的规定，在各自的职责范围内对有关行业、领域的安全生产工作实施监督管理。对新兴行业、领域的安全生产监督管理职责不明确的，由县级以上地方各级人民政府按照业务相近的原则确定监督管理部门。

91. 安全监督管理部门在开展安全生产执法工作时具备哪些职权？

《安全生产法》第六十五条规定，应急管理部门和其他负有安全生产监督管理职责的部门依法开展安全生产行政执法工作，对生产经营单位执行有关安全生产的法律、法规和国家标准或者行业标准的情况进行监督检查，行使以下职权：

（1）进入生产经营单位进行检查，调阅有关资料，向有关单位和人员了解情况。

（2）对检查中发现的安全生产违法行为，当场予以纠正或者要求限期改正；对依法应当给予行政处罚的行为，依照《安全生产法》和其他有关法律、行政法规的规定作出行政处罚决定。

（3）对检查中发现的事故隐患，应当责令立即排除；重大事故隐患排除前或者排除过程中无法保证安全的，应当责令从危险区域内撤出作业人员，责令暂时停产停业或者停止使用相关设施、设备；重大事故隐患排除后，经审查同意，方可恢复生产经营和使用。

（4）对有根据认为不符合保障安全生产的国家标准或者行业标准的设施、设备、器材以及违法生产、储存、使用、经营、运输的危险物品予以查封或者扣押，对违法生产、储存、使用、经营危险物品的作业场所予以查封，并依法作出处理决定。

监督检查不得影响被检查单位的正常生产经营活动。

92. 如何确保安全生产检查中的问题彻底消除？

开展大排查大整治，确保隐患排查无死角、无盲区、无遗漏。要聚焦问题“彻底改”，主要做到以下内容。

（1）纠正“不想管”思想

1）加强宣传教育，纠正相关管理人员的思想，组织生产经营单位主要负责人和安全生产管理人员定期参加专题培训，并对其进行考试考核，提升其安全管理能力。

2）加强执法检查，从严查处并及时曝光违法违规行为，强化安全生产失信行为联合惩戒，督促生产经营单位做好隐患整改闭环，严格执法监管，严格落定“四不放过”原则，严防重特大安全事故发生。

3）加强互帮互助，实现安全管理资源共享，推动辖区内同类生产经营单位组建安全生产互助联盟，采取“结对帮”“互相查”等方式，“抱团”协作，解决隐患查不出来、查完不改的问题。

（2）自主培养安全“明白人”

生产经营单位主要负责人要主动承担起隐患排查第一责任人的责任，在认真履行法定职责的前提下，要善于发现本单位内部的“千里马”，把懂专业、负责任、作风正的从业人员，优先调整到安全生产管理岗位，大力培养重用安全生产“明白人”。

（3）隐患排查治理一视同仁

部分生产经营单位填报隐患排查治理台账时，本末倒置，能轻松改掉的小毛病写了一本子，而实实在在的大问题却视而不见，对隐患排查治理避重就轻，导致隐患排查治理流于形式。因此，有关部门在开展安全生产监督检查时，要深入一线车间，在现场检查上下功夫，结合实际帮助生产经营单位制定安全隐患自查自改清单。

（4）建立“当下改”的良性机制

要想根治隐患排查治理走过场，首先必须强化生产经营单位的安全意识，增强安全生产管理自觉。在制度层面，生产经营单位可以对隐患治理实行台账式管理、项目化推进，列出清单、挂牌销号，逐条逐项推进落实，做到隐患不消除不松劲、治理不彻底不放手；在机制层面，隐患治理需建立长效监督机制，在单位内部和有关部门的双重监督下，明确整改时限和要求，一时解决不了的，要盯住不放，逐步建立“当下改”的良性机制。

93. 安全生产检查的要点是什么？

（1）查思想

检查管理人员和一线从业人员对安全生产方针的认识程度，对建立健全安全生产规章制度的重视程度，对安全检查中发现的安全问题或事故隐患的处理态度等。

（2）查制度

生产经营单位应结合本单位的实际情况，建立健全本单位的安全生产规章制度，并落实到具体的工作任务中。进行安全生产检查时，应对安全生产规章制度的建立和执行情况进行检查。

（3）查管理

主要检查安全生产管理是否落到实处。

（4）查隐患

主要检查作业现场是否符合安全生产要求，检查人员应深入作业现场，检查劳动条件、卫生设施、安全通道，零部件的存放，防护设施状况，压力容器的工作状态，化学品的储存，粉尘及有毒有害作业点职业病危害因素的浓度或强度，车间内的通风照明设施，劳动防护用品的使用是否符合规定等。要特别注意对一些要害部位和设备加强检查，如锅炉房、变电所及各种剧毒、易燃、易爆等场所。

（5）查整改

主要检查对过去提出的安全问题和发现的事故隐患是否采取了安全技术措施和安全管理措施，以及整改的效果如何。

（6）查事故处理

检查对伤亡事故是否及时报告，对责任人是否已经作出严肃处理。在安全检查中必须成立一个适应安全检查工作需要的检查组，配备适当的人力物力。检查结束后应编写安全检查报告，说明已达标项目、未达标项目、存在问题、原因分析，给出纠正和预防措施的建议。

94. 安全生产检查制度中关于培训和考核的要求有哪些?

在安全生产检查制度中，对相关人员进行培训和考核是非常重要的环节。以下是对相关人员进行培训和考核的要求。

（1）培训

1）确定培训需求。根据岗位职责和业务需求，确定不同岗位人员的培训内容。例如，新入职人员需要了解本单位的安全生产规章制度、操作规程等基本知识，而已上岗的作业人员需要接受更深入的与本岗位相关的安全知识和技能培训。

2）制订培训计划。根据培训需求，制订详细的培训计划，包括培训内容、时间、方式等。可以采取多种形式的培训，如集中授课、在线学习、实地操作等。

3）培训内容。培训内容应包括安全生产法律法规、安全操作规程、应急处置、危险源辨识与风险评估等方面的知识和技能。同时，还应注重培养从业人员的安全意识，提高其自我保护能力。

4）培训效果评估。在培训结束后，通过考试、实操等方式对参训人员进行效果评估，确保培训效果。不合格的应进行补训并重新评估。

（2）考核

1）制定考核标准。根据岗位职责和安全要求，制定具体的考核标准。考核标准应包括工作完成情况、安全操作规程的遵守情况、危险源辨识与风险评估的能力等方面。

2）定期考核。定期对相关人员进行考核，一般可以按照季度、半年或年度进行。考核可以采取多种形式，如笔试、实操、口头提问等。

3）考核结果反馈。考核结果应及时反馈给被考核人员，并针对不足之处提出改进意见。对于表现优秀的，应给予表彰和奖励，以起到激励作用。

4）考核结果运用。考核结果应与绩效评定、晋升、职业发展等方面挂钩。通过将考核结果与实际利益挂钩，可以更好地激励从业人员重视安全生产工作。

95. 如何制定综合安全生产管理检查的评价指标和标准？

制定综合安全生产管理检查的评价指标和标准需要从多个方面进行考虑，包括法律法规的符合性、生产经营单位的实际情况、事故风险的预防和控制、安全生产管理工作时持续改进，以及定性与定量相结合，具体如下。

（1）法律法规符合性

综合安全生产管理检查的评价指标和标准应符合国家和地方的安全生产法律法规、标准等要求，包括安全生产责任制、规章制度、培训教育、危险源管理等方面的规定。

（2）生产经营单位的实际情况

在制定评价指标和标准时，应考虑生产经营单位的实际情况，包括规模、行业特点、工艺流程等。评价指标和标准应具有针对性和可操作性，能够适用于生产经营单位的具体情况，并能够反映生产经营单位安全生产管理的实际情况。

（3）事故风险的预防和控制

综合安全生产管理检查的评价指标和标准应关注事故风险的预防和控制。检查的重点应放在危险源的辨识、评估和控制方面，重点检查生产经营单位是否采取了有效的措施来预防和控制事故的发生。同时，还应关注应急救援预案的编制和演练，确保生产经营单位具备应对突发事件的能力。

（4）安全生产管理工作的持续改进

综合安全生产管理检查的评价指标和标准应关注生产经营单位安全管理工作的持续改进。通过定期的安全评价和监督检查，可以发现本单位存在的事故隐患和安全生产管理方面的不足之处，并采取有效措施进行整改。评价指标和标准应鼓励生产经营单位不断改进其安全生产管理工作，提高安全生产管理水平。

（5）定量与定性相结合

在制定评价指标和标准时，应采用定量与定性相结合的方法。对于一些可以量化的指标，应尽可能采用定量指标，以便于比较和分析。对于一些难以量化的指标，可以采用定性指标，但应尽可能地描述清楚，避免过于主观或使用易产生歧义的词句进行描述。

96. 综合安全生产管理检查中如何评估人员的安全意识和应急能力？

在综合安全生产管理检查中，评估人员的安全意识和应急能力是非常重要的环节。以下是评估人员安全意识和应急能力的方法。

（1）观察从业人员行为

通过观察从业人员在工作过程中的具体行为，可以初步评估其安全意识。例如，从业人员是否遵守安全操作规程、是否佩戴劳动防护用品、是否及时报告事故隐患等。如果从业人员表现出良好的安全行为习惯，那么可以认为其具备较高的安全意识。

（2）安全知识测试

通过测试从业人员对安全生产法律法规、安全操作规程、危险源辨识等方面的知识的掌握情况，可以评估其安全意识。测试可以采用笔试、口头提问等方式进行。

（3）安全意识培训

通过组织安全意识培训，可以提高从业人员的安全意识。培训内容可以包括安全法律法规、安全操作规程、危险源辨识与风险评估等方面的知识和技能。在培训后，可以组织测试或演练，评估从业人员对培训内容的掌握情况，从而判断其安全意识的提升情况。

（4）模拟演练

通过模拟突发事件或事故场景，观察从业人员的应急反应和应对能力，可以评估其应急能力。在模拟演练中，可以观察从业人员是否能够迅速采取合理有效的措施，减轻事故态势，保护人民群众的生命财产安全。

（5）自我评价

鼓励从业人员对自己的安全意识和应急能力进行自我评价。通过自我评价，可以了解从业人员对自己安全意识和应急能力的认知情况，发现存在的不足之处，并采取有效措施进行改进。

97. 综合安全生产管理检查中如何评估生产流程和作业程序的安全性?

评估生产流程和作业程序的安全性是综合安全生产管理检查中的重要环节。以下是评估生产流程和作业程序安全性的方法。

（1）危险源辨识

对生产流程和作业程序中可能存在的危险源进行辨识，包括物理、化学、生物等方面的危险源。辨识应全面、准确，并记录在案。

（2）危险源评估

对已辨识的危险源进行评估，确定其对生产流程和作业程序安全的影响程度和可能的后果。评估应采用科学、合理的方法，并考虑多种因素，包括事故发生的可能性、事故的严重程度、影响范围等。

（3）安全措施检查

检查生产流程和作业程序中是否采取了有效的安全措施，包括预防事故发生的措施、减轻事故后果的措施等。检查应关注安全措施的有效性、可靠性和完整性。

（4）作业程序评估

评估作业程序的合理性，即是否符合安全操作规程和工艺要求。评估应关注作业程序的规范性、可操作性和安全性，并考虑作业人员的技能水平、身体状况等。

（5）应急预案评估

评估生产流程和作业程序中应急预案的针对性和可操作性，是否能够及时有效地应对突发事件。评估应关注应急预案的完整性、协调性和有效性。

（6）以往事故分析

对以往发生的事故进行分析，了解事故原因、后果及应对措施。分析应关注事故发生的规律、特点和教训，为生产流程和作业程序的安全性提供参考。

（7）专业意见征询

征询安全生产专家或专业第三方机构的意见，对生产流程和作业程序的安全性进行评估。专业意见可以为检查和评估提供更全面、深入的视角和有益的建议。

（8）现场观察与测试

对生产流程和作业程序进行现场观察与测试，了解实际运行中存在的问题和事故隐患。观察与测试应关注流程的连贯性、协调性和可靠性，以及设备设施的运行状态和安全性能。

（9）从业人员反馈

收集从业人员的反馈意见，了解他们对生产流程和作业程序安全性的看法和建议。从业人员的反馈可以提供一线视角和实际操作经验，有助于发现潜在的安全问题。

（10）安全文化评估

评估生产经营单位的安全文化氛围，了解从业人员的安全意识、培训和教育情况以及生产经营单位对待安全的态度和措施。安全文化评估可以反映生产经营单位整体的安全管理水平和对安全的重视程度。